Das geheime Leben
meiner Katze

Das geheime Leben meiner Katze

meiner Katze

So verstehen Sie das Verhalten Ihrer Katze

VICKY HALLS

Weltbild

Titel der Originalausgabe
the secret life of your cat – unlock the mysteries of your pet's behaviour
Zuerst veröffentlicht 2010 in Großbritannien von Hamlyn, einem Tochterunternehmen der Octopus Publishing Group Ltd., Endeavour House, 189 Shaftesbury Avenue, London WC2H 8JY

Deutsche Erstausgabe

Übersetzung: Dr. Ulrike Kretschmer, München
Koordination und Bearbeitung der deutschen Ausgabe: Dr. Alex Klubertanz, München
Umschlaggestaltung: Büro 18, Friedberg (Bay.)
Umschlagmotiv: Laurence Mouton/Photo-Alto/Corbis
Printed in China
978-3-8289-3465-8

2014   2013   2012
Die letzte Jahreszahl gibt die aktuelle Lizenzausgabe an.

Einkaufen im Internet:
www.weltbild.de

Die Ratschläge in diesem Buch dienen nur der allgemeinen Information. Sie beziehen sich auf keine spezifischen Fälle und ersetzen nicht den Rat eines professionellen Tierarztes. Weder der Verlag noch seine Beauftragten können für eventuelle Nachteile oder Schäden, die aus den gegebenen Ratschlägen resultieren, haftbar gemacht werden. Bei der Produktion dieses Buchs sind keine Katzen zu Schaden gekommen.

Inhalt

Einführung

Seit vielen Tausend Jahren gehören Katzen auf die eine oder andere bedeutsame Weise zum Leben des Menschen dazu, und seit ebenso langer Zeit versucht der Mensch, Katzen wirklich zu verstehen. Draußen wirken sie rücksichts- und erbarmungslos, beim Menschen zu Hause geben sie sich liebevoll und sanft. Sie können eigenwillig, verspielt und abweisend sein – doch wann zeigen sie ihr wahres Gesicht?

Gegenüber Obwohl wir glauben, sie zu besitzen, bleiben auch Hauskatzen unerschütterlich ihrer wahren Natur treu und widersetzen sich jedem Versuch, sie grundlegend ändern zu wollen.

Katzen sind solch unabhängige Wesen, dass ich bezweifeln möchte, sie je wirklich domestizieren, geschweige denn besitzen zu können. So sollte es uns zu denken geben, dass es uns nie gelungen ist, eine Katze so abzurichten, dass sie dem Menschen dient – Schafe hütet, ein Haus bewacht oder auf Kommando etwas sucht. Wir konnten sie auch nicht nennenswert größer oder kleiner züchten, als die Natur sie geschaffen hat, was bei Hunden mit dem Chihuahua oder der Dänischen Dogge problemlos möglich war. Katzen widersetzen sich dem plumpen Versuch, die Perfektion perfektionieren oder die Tiere kontrollieren zu wollen.

»Ein Rätsel innerhalb eines Geheimnisses, umgeben von einem Mysterium«

Je mehr ich Katzen beobachte, um die Wahrheit über ihr Verhalten herauszufinden, desto mehr wird mir bewusst, wie wenig wir eigentlich über sie wissen. Die Wissenschaft präsentiert immer mehr und erstaunliche Fakten über diese faszinierende Spezies und versucht, Mosaiksteinchen für Mosaiksteinchen zu einem großen Ganzen zusammenzufügen. Ich versuche weiter, das Rätsel der Katze zu lösen, weil der Schlüssel zum Wohlergehen dieses Tiers, das wir so lieben, im Verständnis seines Verhaltens liegt.

Dieses Buch beginnt seine Entdeckungsreise mit der Erkundung der einzigartigen Physiologie der Hauskatze, die es ihr ermöglicht, als Spezies so erfolgreich zu sein. Anschließend nähern wir uns der geheimnisvollen Welt ihres Verhaltens über die »wilde« Verwandte der Hauskatze und wie diese in freier Wildbahn zurechtkommt. Die Hauskatze gleicht der Wildkatze fast bis aufs Haar; wer also Letztere versteht, versteht auch Erstere.

Im Buch verwende ich durchgehend das Personalpronomen »sie«, wenn von der Hauskatze die Rede ist. Wenn Sie mit einem Kater zusammenwohnen, bitte ich für das »sie« um Entschuldigung – Sie (und er) sollten es nicht persönlich nehmen!

Teil 1

Katzen in- und auswendig kennen

Physiologie der Katze

Wir können eine andere Spezies nur dann wirklich würdigen, wenn wir ihre Biologie verstehen. Wenn Sie wissen wollen, wie sich eine Katze fühlt: Hier haben Sie Gelegenheit, in ihren Pelz zu schlüpfen.

Jeder lebende Organismus lässt sich in die Kategorien Klasse, Ordnung, Familie, Gattung und Art einteilen. Die Hauskatze ist ein fleischfressendes, zu den Katzen *(Felidae)* gehörendes Säugetier. Die Familie der Katzen umfasst auch die Untergruppen Kleinkatzen, Großkatzen und Geparde, wobei Letztere nur ein einziges Mitglied hat. Der Großkatzenfamilie gehören Löwe, Tiger, Panther und Leopard an, zu den Kleinkatzen gehören etwa Luchs, Serval, Ozelot, Karakal, Jaguarundi, Sumpfluchs und Pallaskatze. Unsere Hauskatze *(Felis silvestris catus)* ist eine domestizierte Unterart der Wildkatze *(Felis silvestris)*.

Im Lauf der Evolution hat sich die Katze in einigen Aspekten ihrer Anatomie und Physiologie an ihre Umgebung und ihre Rolle in der Natur angepasst. Doch ob sie wild lebt oder von einem liebenden Herrchen verwöhnt – Katze bleibt Katze, ihre Fähigkeiten und Triebe ändern sich nicht. Wenn Sie einen wahren Einblick in das Verhalten Ihrer Katze bekommen wollen – oder zumindest in das, was sie tun würde, läge sie nicht auf Ihrem Sofa –, sollten Sie zunächst einen Blick auf ihren Bauplan werfen.

Wenn Sie Ihre Katze in- und auswendig kennenlernen, bekommen Sie eine ungefähre Vorstellung davon, wie es sich als Katze so lebt – wie sie sieht, spürt, hört und riecht. Katzen riechen Dinge, die wir olfaktorisch nicht wahrnehmen, etwa eine andere Katze, die durch den Garten gestrichen ist. Im Gegensatz zu uns können Katzen Ultraschall hören. Über ihre Pfoten und Schnurrhaare nehen sie Vibrationen wahr, die uns verborgen bleiben. Ihre Sinne sind so ausgeprägt, dass der Mythos entstand, Katzen hätten einen sechsten Sinn. Doch eigentlich sind sie uns in der Wahrnehmung einfach nur überlegen. Von der Nasen- bis zur Schwanzspitze verfügen sie über einzigartige Merkmale, die zusammen eine ungemein erfolgreiche Spezies ergeben.

Die primären Sinne Ihrer Katze

Es scheint angemessen, sich zunächst der Nase Ihrer Katze zu widmen – besteht ihre Welt doch überwiegend aus Gerüchen –, bevor ein Blick auf die Augen uns etwas über ihre nächtlichen Gewohnheiten verrät.

Katzen benutzen ihre Nase ebenso wie wir unsere Augen und Ohren, wenn wir z. B. Zeitung lesen oder Nachrichten schauen und damit Informationen über unsere Umgebung erhalten: Sie informieren sich über

Der Geruchssinn von Katzen ist rund 14-mal empfindlicher als der des Menschen. Die Struktur ihrer Nase ist so einzigartig wie ein menschlicher Fingerabdruck; das Organ dient ihnen auch als Tastsinn.

andere Tiere, Nahrung und das Revier. Katzen verfügen über 200 Millionen Riechzellen, womit ihr Geruchssinn etwa 14-mal stärker ist als der menschliche. Mit der Nase kann die Katze nicht nur riechen, sie dient ihr gleichzeitig als Tastsinn und zur Wahrnehmung von Temperatur. Zudem ist die Nase jeder Katze so einzigartig wie ein menschlicher Fingerabdruck.

Gerüche sind für das Überleben der Katze so wichtig, dass sie gleich noch ein zweites Riechorgan besitzt: das sogenannte Vomeronasale oder Jacobsonsche Organ. Damit kann sie Gerüche gewissermaßen schmecken. Das Organ besteht aus zwei kleinen Öffnungen hinter den Vorderzähnen am Gaumen und ist mit der Nasenhöhle verbunden. Die Katze öffnet das Maul und zieht die Luft durch die Öffnungen ein – diese grimassenartige Mimik wird als Flehmen bezeichnet. Oft kann man Kater in dieser Witterungspose sehen, die so nach Urinspuren eines rolligen Weibchens suchen. Die Nase der Katze reagiert besonders empfindlich auf Gerüche, die Stickstoff enthalten; dies warnt sie vor verdorbener Nahrung, da diese stickstofffreie Chemikalien absondert.

Zudem reagieren Hauskatzen ebenso wie viele Wildkatzen auf den Geruch bestimmter Kräuter und Pflanzen, der den Speichelfluss anregt und sie dazu bringt, sich in den Pflanzen zu rollen – ähnlich einem Kater, der Spuren einer paarungsbereiten Katze aufgestöbert hat. Die Echte Katzenminze *(Nepeta cataria)* enthält eine Chemikalie namens trans-Nepetalacton, die eng mit einer Substanz verwandt ist, die weibliche Katzen mit dem Urin ausscheiden. Einen ähnlichen Effekt hat der Echte Baldrian.

Einzigartige Katzenaugen

Wie bei den meisten anderen Raubtieren liegen auch bei Katzen die Augen vorn am Kopf, um die Tiefenwahrnehmung beim Jagen zu unterstützen. Ihr Gesichtsfeld umfasst 200 Grad; im mittleren Abschnitt herrscht beidäugiges (binokulares) Sehvermögen, mit dem sie Abstände einschätzen können. Wildkatzen neigen im Gegensatz zur Hauskatze eher zur Weitsichtigkeit, mit der sie Beute in Laufweite wahrnehmen können.

Katzen sind überwiegend nachtaktive Jäger, wobei ihnen eine reflektierende Membran am Augenhintergrund hilft, das sogenannte *Tapetum lucidum.* Dieses fängt auch noch die schwächsten Lichtstrahlen ein. Katzen-

Alle Katzen kommen mit blauen Augen zur Welt. Dies ändert sich mit der Zeit; mit zwölf Wochen haben Katzen dann ihre endgültige Augenfarbe.

WISSENSWERTES

- *Alle Katzen kommen mit blauen Augen zur Welt und erreichen erst mit zwölf Wochen ihre endgültige Augenfarbe.*

- *Katzen haben ein drittes Augenlid, die sogenannte Nickhaut. Sie sitzt am Innenrand des Auges und schützt dieses vor Trockenheit, was das Blinzeln überflüssig macht.*

- *Gegenstände, die weniger als 20 cm entfernt sind, können Katzen nur undeutlich erkennen.*

- *Leuchtet man Katzenaugen nachts an, erscheinen diese silbrig-grün. Außer bei der Siamkatze – ihre Augen leuchten rot!*

- *Katzenaugen brauchen nur etwa ein Sechstel der Helligkeit, die das menschliche Auge zum Sehen benötigt. In völliger Dunkelheit sehen aber auch Katzen nichts.*

- *Im Verhältnis zum Kopf haben Katzen sehr große Augen.*

pupillen können sich auf einen fast doppelt so großen Durchmesser wie die menschliche Pupille weiten – auch das hilft im Halbdunkel enorm. Bei hellem Licht verengen sich die Pupillen zu schmalen Schlitzen, was als Schutzmechanismus bei nachtaktiven Säugetieren weit verbreitet ist.

Die Größe der Pupillen hängt jedoch nicht nur von den Lichtverhältnissen ab, sondern ist auch ein ausgezeichneter Indikator dafür, in welcher Stimmung die Katze ist. Ist sie verärgert, sind die Pupillen sehr schmal; bei Aufregung oder Angst weiten sie sich.

Entgegen der landläufigen Meinung sind Katzen nicht vollständig farbenblind. Sie nehmen durchaus die Farben Blau, Grün und Gelb wahr, Rottöne können sie hingegen nicht unterscheiden. Für nächtliche Jäger spielen Farben schlicht keine so große Rolle, denn schließlich sind nachts alle Katzen grau.

Katzen besitzen am Augenhintergrund eine reflektierende Membran, die sie auch bei schlechten Lichtverhältnissen gut sehen lässt. Zudem können sich ihre Pupillen etwa zweimal so weit weiten wie die des Menschen.

- *Die Sphynx, eine fast haarlose Katzenrasse, kann normal lange, kurze oder gar keine Schnurrhaare haben.*

- *Mit den Schnurrhaaren spürt die Katze, wenn sich Schmutz dem Auge nähert. Sie blinzelt dann, um das empfindliche Auge zu schützen.*

- *Wie die anderen Haare fallen auch Schnurrhaare aus und werden durch neue ersetzt.*

- *Die Fress- und Wassernäpfe sollten immer so groß sein, dass die Schnurrhaare nicht den Rand berühren. Das ist unangenehm für die Katze.*

- *Es kann vorkommen, dass eine Katzenmutter ihren Jungen im Putzübereifer die Schnurrhaare abknabbert.*

Schnurrhaare – mobile Antennen

Die Schnurrhaare dienen der Katze als geniales Navigationswerkzeug: Sie kann damit ein Hindernis spüren, ohne es sehen zu müssen.

Katzen haben insgesamt 24 Schnurrhaare, sogenannte Vibrissen; sie befinden sich zu beiden Seiten der Nase, auf den Wangen, über den Augen, am Kinn und auf der Rückseite jeder Vorderpfote. Sie sind zweimal so dick wie die übrigen Haare, ihre Wurzeln sitzen dreimal so tief in der Haut. Sie reichen weit in die Follikel hinein und sind an der Basis mit zahlreichen Nervenenden ausgestattet. Das macht sie besonders empfindlich gegenüber Windstärke, Luftdruck und Berührung. Jede noch so sanfte Berührung einer Schnurrhaarspitze führt sofort zum Reflex des Augenschließens, um Verletzungen durch Gegenstände zu vermeiden, während die Aufmerksamkeit der Katze auf etwas anderes gerichtet ist.

Die Schnurrhaare helfen der Katze beim Jagen und beim Spielen mit der Beute. Gegenstände in unmittelbarer Nähe können Katzen nicht so gut sehen; deshalb ertasten sie die Position ihrer Beute mit den Schnurrhaaren. Sind die Haare abgeschnitten oder anderweitig beschädigt, ist es für die

Die Schnurrhaare sind an der Basis mit vielen Nervenenden ausgestattet, die sie empfindlich gegenüber Druck, Berührung und Wind machen. Durch die Schnurrhaare wird auch ein Blinzelreflex ausgelöst, der die Augen schützt.

Katze schwer, effektiv zu jagen. Erblindet eine Katze, dienen ihr die Schnurrhaare gewissermaßen als Ersatzaugen, mit denen sie sich in vertrauter Umgebung erstaunlich gut bewegen kann.

Darüber hinaus verraten Ihnen die Schnurrhaare etwas über die Stimmung Ihrer Katze: Ist sie entspannt, zeigen die Schnurrhaare leicht nach vorn und unten; will sie sich verteidigen, liegen die Schnurrhaare flach am Kopf an, und ist sie aggressiv, zeigen sie nach vorn.

Im Rachen des Löwen

Die Zähne sind das wichtigste Werkzeug der Hauskatze, um Beute zu fangen und zu töten. Außerdem verteidigt sie sich damit gegen andere Katzen. Die erwachsene Katze hat insgesamt 30 Zähne: zwölf Schneidezähne (die kleinen, vorn im Kiefer, mit denen sie sich hauptsächlich putzt), vier Eck- oder Fangzähne (die langen, mit denen sie ihre Beute fängt und tötet) sowie zehn Vormahlzähne und vier Mahl- oder Backenzähne (damit zerteilt sie Fleisch in schluckgerechte Stücke). Im Alter von etwa zwei Wochen bekommen junge Katzen die ersten 26 sogenannten Milchzähne, die bis

Erwachsene Katzen haben 30 Zähne, die sich besonders zum Beißen und Zerreißen von Fleisch eignen. Eine Oberfläche zum Zermahlen brauchen sie nicht, da Katzen ihr Fressen nicht kauen, sondern stückweise verschlingen.

zum sechsten Monat durch das Erwachsenengebiss ersetzt werden.

Katzenzähne sind auf das Beißen und Zerreißen von Fleisch konzipiert. Sie sind in einem kräftigen Kiefer verankert, der aus Ober- und Unterkiefer besteht. Katzen haben weniger Backenzähne als die meisten Säugetiere, da sie ihr Fressen nicht kauen, sondern es in Stücken verschlingen. Mit den Fangzähnen können sie die winzige Einbuchtung im Genick ihrer Beute spüren und wissen so, wo sie zubeißen müssen.

Da sich im Maul der Katze Bakterien namens *Pasteurella multocida* tummeln, kann sie sich bei Bissverletzungen Abszesse zuziehen. Im Mundraum ist das Bakterium harmlos; gelangt es jedoch über den Fangzahn einer anderen Katze – etwa bei Revierstreitigkeiten – in die Blutbahn, führt dies meist zu einer Infektion. Aus diesem Grund sollten auch Menschen Katzenbisse umgehend behandeln, damit sich die Wunde nicht entzündet.

In freier Wildbahn putzen sich Katzen ihre Zähne an den Knochen ihrer Beute. Das kann Ihre Hauskatze mit Katzenfutter nicht. Dann bilden sich Plaques und Zahnstein, die Zähne können faulen. Erste Anzeichen für eine Erkrankung sind Schwierigkeiten beim Fressen, Mundgeruch und ein übermäßiger Speichelfluss.

Zunge und Geschmack

Wenn Sie schon einmal von einer Katze geleckt worden sind, wissen Sie, wie erstaunlich rau eine Katzenzunge ist. Dies liegt daran, dass die Oberfläche mit über tausend winzigen, zahnähnlichen Stacheln, den sogenannten Papillen, ausgestattet ist, die – ebenso wie der menschliche Fingernagel – aus Keratin bestehen. Sie sind wie Haken geformt, damit die Katze damit Fell und Federn entfernen und Fleisch vom Knochen der Beute nagen kann. Auch zum Putzen des eigenen Fells sind sie ausgezeichnet geeignet. Ist dieses mit Speichel bedeckt, hat dies darüber hinaus durch die Verdunstung eine angenehm kühlende Wirkung. Umgekehrt kann die Katze mit der Zunge Nässe vom Fell lecken. Außerdem dient sie ihr wie ein Löffel: Sie schleckt die Flüssigkeit auf und muss dabei nur etwa jedes dritte oder vierte Mal schlucken.

Der Geschmackssinn der Katze hat sich im Laufe der Evolution hervorragend an ihre fleischfressende Ernährungsweise angepasst. Er ist weit weniger ausgeprägt als der menschliche, reagiert aber immer noch ausreichend auf sauer, bitter und salzig; am schwächsten spricht er auf süß an. Dieses Defizit gleicht die Katze durch einen überlegenen Geruchssinn aus.

WISSENSWERTES

- *Menschen haben rund 9000 Geschmacksknospen, Katzen nur 473. Sie liegen vorn, seitlich und hinten an der Zunge.*

- *Die ideale Temperatur von Katzenfutter beträgt 38 °C – diese Temperatur hat auch Beute in freier Wildbahn.*

- *Katzen können auch bei Wasser Geschmacksunterschiede wahrnehmen.*

- *Menschen mit einer Katzenallergie reagieren allergisch auf ein Protein im Speichel der Katze.*

- *Ist der Katze ein Geruch unangenehm, regt dies ihren Speichelfluss an.*

- *Katzen haben einen viel stärkeren Geschmackssinn als Hunde.*

Deshalb fressen Katzen, die Erkältungssymptome aufweisen oder eine verstopfte Nase haben, auch nichts und müssen mit stark riechenden Leckerbissen erst wieder dazu gebracht werden.

Das geht im Kopf Ihrer Katze vor

Betrachtet man das Gehirn der Katze und die Proportionen seiner verschiedenen Teile, wird einem schnell klar, was es mit dieser Spezies auf sich hat. Die anatomische Struktur ähnelt mit Vorder-, Mittel- und Rautenhirn sehr der des menschlichen Gehirns. Das im Rautenhirn liegende Kleinhirn ist bei Katzen allerdings relativ groß. Das Kleinhirn regelt die Koordination von Gleichgewicht, Haltung und Bewegung – kein Wunder, dass Katzen klettern und sich elegant bewegen können und immer auf die Füße fallen.

Die Großhirnrinde im Vorderhirn gilt als Sitz der Intelligenz und umfasst Bereiche, die Informationen aus den Sinnesrezeptoren des Körpers bekommen und Bewegungen kontrollieren. Auch hier zeigt sich die spezielle Natur der Katze, da der für das Hören zuständige Bereich besonders groß ist. Zudem ist die Großhirnrinde für das Erlernen von Verhaltensweisen verantwortlich. Andere, ältere Teile des Gehirns unterscheiden sich wiederum nicht sehr von denen anderer Säugetiere; sie steuern instinktives Verhalten wie die Nahrungsaufnahme und Emotionen wie Aggression und Angst. Doch natürlich haben Katzen nicht nur Instinkte, sondern lernen im Laufe ihres Lebens auch eine ganze Menge: durch Beobachten und Imitieren sowie durch Versuch und Irrtum. Genau bestimmen zu wollen, wie intelligent Katzen sind, ist jedoch unmöglich, wenn man dabei menschliche Maßstäbe anlegt. Besser lässt sich die Intelligenz des Tieres fassen, beobachtet man, wie gut es in seiner Umgebung zurechtkommt und wie gut es sich an eine neue anpassen kann. Und danach sind Katzen sehr intelligent!

So fühlt sich Ihre Katze

Auch Wissenschaftler haben inzwischen anerkannt, dass Tiere Gefühle haben – und so auch Ihre Katze. Neben den primitiveren Emotionen wie Angst und Aggression weisen Katzen neurowissenschaftlichen Erkenntnissen zufolge durchaus auch komplexere Gefühle auf. Sie fühlen sowohl positive als auch negative Emotionen, und diese jeweils in einer Bandbreite

Katzen spielen sehr gern. Bei solchen angenehmen Aktivitäten schüttet das Gehirn das »Wohlfühlhormon« Dopamin aus.

• *Das Gehirn einer durchschnitt-lichen Katze ist 5 cm lang und wiegt rund 30 g.*

• *Studien der Abteilung für Verhaltensforschung des Museum of Natural History zufolge reicht die Erinnerung von Hunden gerade einmal fünf Minuten zurück, die von Katzen bis zu 16 Stunden!*

von Freude bis Ekstase und von Vorahnung bis Schrecken. Zuständig für Emotionen und Beweggründe – insbesondere die, die für das Überleben wichtig sind – ist das limbische System, das unter der Großhirnrinde angesiedelt ist. Zu diesen überlebenswichtigen Emotionen gehören Angst und Wut ebenso wie Hunger und Lust. Der Hypothalamus etwa, ein Teil des limbischen Systems, kontrolliert neben Gefühlen auch die Nahrungsaufnahme, den Schlaf-wach-Zyklus und viele andere Körperfunktionen, die den Organismus im Gleichgewicht halten. Auch die Ausschüttung von Hormonen durch das endokrine System wird dort geregelt.

Tatsächlich ist es unmöglich, über Gehirn, Intelligenz und Emotionen zu sprechen, ohne die Hormone mit ins Spiel zu bringen, die für alle drei Bereiche eine große Rolle spielen. Die Nebennieren beispielsweise beeinflussen die Reaktion der Katze auf Stress. Sie produzieren Adrenalin, das bei Gefahr über Kampf oder Flucht entscheidet, sowie Kortisol, das den Stoffwechsel in Zeiten geistigen und körperlichen Stresses regelt. Chronischer Stress kann zu einem konstant hohen Kortisolspiegel im Blut führen und dieser wiederum zu einer geschwächten Abwehrkraft und einer erhöhten Anfälligkeit für Krankheiten.

Sie als Herrchen oder Frauchen wollen natürlich, dass Ihre Katze glücklich ist. Das erkennen Sie daran, dass sie sich neben Sie kuschelt, schnurrt und Trittbewegungen mit den Vorderpfoten macht. Glücklich ist sie auch, wenn sie spielt; dann nämlich schüttet das Gehirn das »Wohlfühlhormon« Dopamin aus. Es ist jedoch nicht immer leicht, den emotionalen Zustand Ihrer Katze einzuschätzen. Ein soziales Wesen ist sie eigentlich nicht, weshalb sie Emotionen auch nicht über Körpersprache und Mimik mitteilen muss.

Gehör und Gleichgewichtssinn

Gehör und Gleichgewichtssinn der Katze sind auf das Fangen kleiner Beute abgestimmt; Ersteres ist so gut, dass sie ein 90 Zentimeter entferntes Geräusch auf 7,5 Zentimeter genau lokalisieren kann.

Das Gehör umfasst ein Spektrum von 48 Hertz bis 85 Kilohertz, das menschliche reicht gerade einmal von 20 Hertz bis 20 Kilohertz. Damit haben Katzen das beste Gehör aller Säugetiere. Im Laufe der Evolution hat es sich an die hohe Frequenz der Stimmen kleiner Nagetiere angepasst, ohne dabei die Fähigkeit, niedrige Frequenzen zu hören, einzubüßen. Das Gehör der Katze kann bis zu 1,6 Oktaven höher hören als das des Menschen. Damit können noch nicht einmal Hunde mithalten.

Im Innenohr der Katze, tief im Inneren des Schädels, liegen mehrere halbrunde Kanäle, die zusammen das Gleichgewichtsorgan bilden. Sie sind mit einer Flüssigkeit gefüllt und mit feinen Härchen ausgestattet, die der Katze Balance und Bewegung in hoher Präzision ermöglichen – so auch das Drehen beim Fallen, das sicherstellt, dass Katzen immer auf allen vier Füßen landen.

Das Außenohr, die Ohrmuschel, ist bei Katzen relativ groß und wird durch 32 separate Muskeln bewegt – beim Menschen nur durch sechs. Damit können sich die Ohren unabhängig voneinander um 180 Grad in die Richtung jedes noch so kleinen Geräuschs drehen. Die Ohrstellung deutet ebenfalls auf die Stimmung der Katze hin: Liegen die Ohren flach am Kopf an, hat sie Angst; sind sie nach hinten gedreht, ist die Katze wütend; sind sie aufgestellt und leicht nach vorn gedreht, herrschen Aufregung und Freude.

Die Rassen der Schottischen und Amerikanischen Faltohrkatze weisen eine genetische Mutation auf, bei der das Knorpelgewebe des Ohrs eine Falte enthält, womit das Organ am Kopf anliegt. Katzen mit weißem Fell und heller Haut bekommen an den Ohren oft einen Sonnenbrand; falls Sie eine solche Katze besitzen, sollten Sie Vorsichtsmaßnahmen ergreifen, da häufige Sonnenbrände auch bei Katzen zu Hautkrebs führen können. Oder hat Ihre Katze vielleicht vier Ohren? Diese seltene genetische Mutation wurde 1957 erstmals wissenschaftlich untersucht.

Das Gehör der Katze umfasst das breiteste Spektrum aller Säugetiere. Die beweglichen Ohrmuscheln können sich unabhängig voneinander um 180 Grad drehen.

Das Knochengerüst

Ihre Katze könnte sich nicht von der Nasen- bis zur Schwanzspitze selbst pflegen und putzen, hätte sie nicht diese unglaublich flexible Wirbelsäule.

Um jagen, klettern, springen und sich auch sonst wie eine Katze verhalten zu können, muss sie sehr geschickt und agil sein. Zu dieser Agilität und Flexibilität trägt aber nicht nur die Wirbelsäule, sondern der Körper insgesamt bei. Die Katze verfügt je nach Länge des Schwanzes über rund 250 Knochen, die durch Muskeln, Sehnen und Bänder zusammengehalten werden und das Skelett bilden. Ihre große Flexibilität erhält sie durch zusätzliche Brust- und Lendenwirbel; zudem sind die einzelnen Wirbel auch noch beweglicher als beim Menschen. Gestützt und gehalten wird das Skelett durch lange, schmale Muskeln, mit denen es sich gut springen lässt und mit denen die Katze bis zu 48 Stundenkilometer schnelle Sprints einlegen kann. Gute Langstreckenläufer sind Katzen aber nicht.

Ihre Katze besitzt kein Schlüsselbein, sondern an dieser Stelle frei bewegliche Knochen, die es ihr ermöglichen, die vorderen Extremitäten in fast jede Richtung zu drehen. Damit können sich Katzen so schmal machen, dass sie durch den kleinsten Schlitz passen: Ist dieser groß genug für den Kopf, passt der Rest auch durch.

Im Vergleich mit anderen Fleischfressern ist der Schädel der Katze eher kurz, doch verbessert der dementsprechend kürzere Unterkiefer die Kraft der Muskeln, die ihn schließen, was wiederum den Tötungsbiss enorm verstärkt. Einige Rassekatzen wie etwa Siamkatzen weisen einen länglicheren Schädel auf, was man auch als dolichozephal bezeichnet. Ganz anders sehen Perserkatzen aus: Sie haben kurze Schädel und flache Nasen, die auf einer Linie mit den Augen liegen. Dies bezeichnet man als Brachyzephalie.

WISSENSWERTES

• *Katzen können aus dem Stand auf eine Höhe vom Fünffachen ihrer Körpergröße springen.*

• *Eine Hauskatze kann beim Rennen eine Geschwindigkeit erreichen, die nur 8 km/h unter der eines Tigers liegt.*

Gegenüber Verglichen mit anderen Fleischfressern ist der Schädel der Katze eher kurz, wenngleich einige Rassekatzen wie z. B. Siamkatzen über einen eher länglichen Schädel verfügen.

Interne Netzwerke

Ebenso wie alle anderen Säugetiere verfügt auch Ihre Katze über eine Reihe komplexer interner Netzwerke, die zusammenarbeiten. Auch damit ist sie perfekt an ihren spezifischen Lebensstil angepasst.

Das Stütz- und Haltesystem umfasst Skelett, Muskeln, Haut und Herz-Kreislauf-System; zu den viszeralen Systemen gehören der Verdauungsapparat, der Nahrung in Energie umwandelt, die Atemwege, die für die Aufnahme von Sauerstoff und die Abgabe von Kohlendioxid zuständig sind, das Harnsystem, über das Abfallstoffe und überschüssiges Wasser abtransportiert werden, und die Fortpflanzungsorgane, die das Fortbestehen der Art sichern. Darüber hinaus gibt es zwei koordinierende Systeme – Nerven- und Hormonsystem –, die die Kommunikation im ganzen Körper gewährleisten. Vor Krankheiten schützen Immun- und Lymphsystem.

- *Katzenmägen haben ein durchschnittliches Fassungsvermögen von 300 ml.*

- *Menschen nutzen vorwiegend Kohlenhydrate zur Energiegewinnung. Katzen, die sich natürlich – also von kleinen Nagern – ernähren, beziehen ihre Kohlenhydrate größtenteils aus dem Mageninhalt ihrer Beute.*

- *Durch das tierische Protein ist Katzenurin leicht sauer.*

- *Katzenurin enthält mehr Harnsäure als der Urin anderer Säugetiere; sie ist es auch, die dem Urin seinen stechenden Geruch verleiht.*

Das Verdauungssystem der Katze ist darauf ausgerichtet, mehrmals am Tag kleinere Mahlzeiten zu verarbeiten. Katzen sind sogenannte obligate Fleischfresser, d. h. auf tierisches Protein angewiesen – als Pflanzenfresser könnten sie nicht überleben.

Das Harnsystem ist so konstruiert, dass Katzen nur sehr wenig Wasser brauchen. Dies erklärt sich dadurch, dass die Hauskatze von einem Wüstenbewohner, der Falb- oder Afrikanischen Wildkatze *(Felis silvestris lybica)*, abstammt und sich deren Anpassungen an die trockene Umgebung bewahrt hat. Dementsprechend können Katzen leichtere Dehydrierungen auch besser tolerieren, als z. B. Hunde dies können. Dafür scheiden sie sehr konzentrierten Urin aus.

Die Katze von außen

Das Fell der Katze besteht aus Primär- und Sekundärhaaren: dem Deck- oder Oberhaar und dem Wollhaar mit den Grannen. Ihre Katze hat zwar eine dünne, aber auch eine recht lose Haut, die dadurch bestens schützt.

Die Deckhaare wachsen einzeln aus Follikeln, die von anderen Follikeln umgeben sind; dafür wachsen aus jedem Follikel mehrere Wollhaare. Die Deckhaare wiederum sind von winzigen Muskeln umgeben, mit denen die Katze ihr Fell willkürlich aufrichten kann. Das schützt sie zum einen vor Kälte, zum anderen sieht sie damit größer aus und kann sich bei potenziellen Feinden mehr Respekt verschaffen. Das Fell ist je nach jahreszeitlicher Temperatur verschieden dick; Ihre Katze verliert also regelmäßig Haare, während neue nachwachsen.

Beim selektiven Züchten richtete man das Augenmerk oft auf Varianten beim Fell der Katze, was Rassen mit allen drei Haartypen und Rassen mit nur zwei oder gar einem Haartypus hervorbrachte. Bei Angorakatzen beispielsweise ist das Wollhaar weniger entwickelt, bei Perserkatzen hingegen ist das Wollhaar so lang wie das Deckhaar. Bei einigen Rassekatzen finden sich hinsichtlich des Fells große Abweichungen von der Norm, so etwa bei der Cornish Rex, der das Deckhaar fehlt und deren Wollhaar gekräuselt ist. Das Fell der LaPerm sieht aus wie eine Dauerwelle aus den 70er-Jahren, doch ein Extremfall ist sicherlich die Sphynx: Sie verfügt nur über eine ganz feine Schicht Wollhaar.

Gegenüber Beim selektiven Züchten wie z. B. der Rasse Cornish Rex hat man versucht, das Verhältnis der drei Haartypen – Deckhaar, Wollhaar und Grannen – zueinander zu verändern.

Die Haut der Katze ist mit Rezeptoren ausgestattet, die das Gehirn beständig über Berührung, Hitze, Kälte, Druck und Schmerz informieren. Sie ist im Vergleich zu anderen Tieren recht lose, was die Katze aber sehr wendig macht. So kann sie sich oft auch dem festen Zugriff eines Feindes entziehen. Darüber hinaus sind dadurch auch die potenziell tiefen Biss-

• *Die Haare einer Katze wachsen so schnell wie menschliches Haar.*

• *Wohnungskatzen haaren das ganze Jahr hindurch.*

• *Die Haut einer Katze ist sehr dünn: Am Bauch ist sie meist nur 0,4 mm dick, am Hals immerhin 2 mm.*

wunden durch die Fangzähne anderer Katzen eher oberflächlich. Die lose Haut im Genick benutzen Katzenmütter, um ihre Jungen von einem Ort zum anderen zu tragen. Die Jungen reagieren darauf mit einen natürlichen Reflex: Sie machen sich ganz schlaff, damit der Transport sicher vonstatten geht. Menschen sollten diesen Griff bei Katzen möglichst nicht anwenden, da er diesen sehr unangenehm ist.

Die Extremitäten

Katzen sind sogenannte Zehengänger, wobei sie die Hinterpfoten immer genau in den Abdruck der jeweiligen Vorderpfote setzen. Mit dem Schwanz gleichen sie

An den Hinterpfoten haben Katzen jeweils vier Zehen, an den Vorderpfoten fünf. Die fünfte Zehe hat einen leichten Abstand zum Boden und wird auch Afterkralle genannt.

die Gangbewegung aus. Katzen beherrschen sowohl den Pass- als auch den Kreuzgang. Haben sie es nicht eilig, benutzen sie den Passgang, heben also erst beide linke und dann beide rechte Beine vom Boden ab. Ist dagegen Eile geboten, fallen sie in den Kreuzgang, heben also immer die diagnol liegenden Beine vom Boden ab und setzen sie anschließend wieder auf.

    Katzen besitzen fünf Zehen an jeder Vorderpfote und vier Zehen an jeder Hinterpfote. Die fünfte Zehe an der Vorderpfote hat einen leichten Abstand zum Boden und wird auch Afterkralle genannt. Zudem sind die Pfoten mit Drüsen ausgestattet, die wässrigen Schweiß produzieren, wenn der Katze heiß ist oder sie Angst hat; einen nennenswerten kühlenden Effekt hat dieser Schweiß allerdings nicht. Am »Handgelenk« der Katze sitzt der sogenannte Karpalballen, der das Rutschen beim Springen abbremst bzw. verhindert. Insgesamt fungieren die Ballen an den Pfoten als Stoßdämpfer und Isolierung gegen extreme Temperaturen.

Katzen bewegen sich normalerweise im Passgang fort, heben also immer die Beine einer Seite gleichzeitig vom Boden ab. Nur wenn sie es eilig haben, fallen sie in den Kreuzgang.

Wie alle Katzenarten außer dem Geparden können auch Hauskatzen ihre Krallen einziehen; in entspanntem Zustand sind sie von einer schützenden Schicht Haut und Fell umgeben. Das hält sie für das Jagen, das Klettern und die Selbstverteidigung einsatzbereit. Die Krallen an den Vorderpfoten sind schärfer als die an den Hinterpfoten und müssen regelmäßig durch das Kratzen z. B. an Bäumen geschärft werden. Die Krallen an den Hinterpfoten pflegt die Katze durch Kauen. Sie bestehen hauptsächlich aus Keratin, dem Protein, das auch die äußere Hautschicht bildet.

Zufriedene Katzen erkennt man auch am sogenannten Milchtritt: Sie bearbeiten etwa ein Sofakissen mit den Vorderpfoten, wie sie es an den Zitzen ihrer Mutter getan haben, um die Milchproduktion anzuregen.

Zum guten Schluss

Die Schwanz- oder Kaudalwirbel machen zehn Prozent aller Knochen im Körper Ihrer Katze aus. Den Schwanz braucht die Katze zum Balancieren; läuft sie z. B. auf einem schmalen Grat und bewegt dabei ihren Kopf, bewegt sich der Schwanz automatisch in die entgegengesetzte Richtung. Bei sehr schnellen Bewegungen dienen die Schwanzwirbel als Gegengewicht; so kann die Katze schnell die Richtung wechseln, um die Beute zu verfolgen. Ist es kalt, trägt die Katze den Schwanz wie einen Schal, um vor allem die empfindliche Nase zu schützen.

Aufgrund einer komplizierten und effizienten Kombination von Bändern, Sehnen und Muskeln ist die Hauskatze als einzige aller Katzenarten in der Lage, den Schwanz beim Gehen aufrecht zu stellen. Alle anderen Katzen tragen den Schwanz horizontal oder lassen ihn herunterhängen. Die Manx-Katze hat infolge einer genetischen Mutation nur einen Stummelschwanz oder gar keinen; der Gendefekt kann in Extremfällen zu Spina bifida (Spaltwirbel) führen.

Durch die Körper- und insbesondere die Schwanzhaltung kommuniziert die Katze ihre Stimmung. Ist sie zufrieden, begrüßt sie einen vertrauten Menschen oder eine befreundete Katze mit erhobenem Schwanz; ist sie sehr aufgeregt, zuckt die Schwanzspitze. Peitscht der Schwanz hin und her, deutet dies Konflikt und Frustration an, die in Aggression enden könnten. Das konstante Zucken des Schwanzes deutet auch auf eine leichte Verärgerung oder sogar Schmerzen hin. Hat die Katze Angst, ist der Schwanz gesenkt und das Fell aufgeplustert. Bei horizontal gehaltenem Schwanz und Katzenbuckel ist die Katze sehr aggressiv.

WISSENSWERTES

- *Katzen können die Krallen willkürlich ausfahren – an einer oder mehreren Pfoten.*

- *Polydaktylie – sechs oder sieben Zehen an einer Pfote – kommt bei Haus- und Wildkatzen öfter vor.*

- *Bei älteren Katzen sind die Muskeln zum Einziehen der Krallen geschwächt und die Krallen permanent sichtbar. Sie müssen dann regelmäßig geschnitten werden.*

- *Die Onychektomie – das operative Entfernen der Krallen – ist in Nordamerika noch erlaubt, in Deutschland und vielen anderen Ländern aber gesetzlich verboten.*

- *Wenn Sie die Pfote Ihrer Katze sanft drücken, werden die Krallen sichtbar und können leicht geschnitten werden.*

Teil 2

Katzen im Freien

Wild lebende Katzen

Haben Sie sich je gefragt, wie Ihre Katze ohne Sie zurechtkommen würde? Wild lebende Katzen sind unabhängig vom Menschen, ähneln in jeder anderen Hinsicht aber unseren Hauskatzen.

Echte Wildkatzen werden in der Wildnis geboren und haben keinen Kontakt mit dem Menschen. Ihr Leben ist hart, die Lebenserwartung beträgt nur etwa fünf Jahre – im Vergleich zu zwölf bis 15 Jahren bei der Hauskatze.

Die Domestizierung der Katze hat viele Tausend Jahre gedauert, erstaunlicherweise aber nur wenige Veränderungen in der Spezies bewirkt. Trotz großer Anstrengungen weicht die Hauskatze weder in Größe noch Gestalt erheblich von ihren wild lebenden Vorfahren ab. Selbst das verhätscheltste Miezekätzchen kann jederzeit mit den Pfoten abstimmen und zu seinem ursprünglichen Lebensstil ohne den Menschen zurückkehren. Die meisten Katzen haben die »Wildkatzenprogrammierung« immer noch auf der Festplatte.

Allerdings unterscheidet sich eine echte Wildkatze sehr von einer streunenden Hauskatze. Erstere wurde in der Wildnis geboren und hatte nie Kontakt mit dem Menschen. Wildkatzen finden sich überall auf der Welt in den unterschiedlichsten Umgebungen unter den verschiedensten Klimabedingungen – ein weiterer Beweis dafür, dass Katzen zu den anpassungsfähigsten Kreaturen überhaupt gehören. Dennoch ist das Leben der

Wildkatzen leben im Grunde so, wie Hauskatzen leben würden, kümmerte sich der Mensch nicht um sie. Deshalb gibt das Verhalten der Widlkatze auch reichlich Aufschluss über das der Hauskatze.

Wildkatze hart und relativ kurz; während die Lebenserwartung einer Hauskatze zwischen zwölf und 15 Jahren beträgt, leben Wildkatzen nur durchschnittlich fünf Jahre lang.

Auf einigen Kontinenten steht die Hauskatze als Raubtier an oberster Stelle der Nahrungskette, auf anderen hat sie mit natürlichen Feinden wie Wölfen, Bären und Schlangen zu kämpfen. Wie viele Wildkatzen es in Europa tatsächlich gibt, ist schwer zu schätzen; in Österreich galten sie 2005 sogar als ausgestorben, mittlerweile sind die Bestände aber wieder etwas angestiegen.

Im Grunde genommen lebt die Wildkatze genau so, wie die Hauskatze leben würde, wenn der Mensch sich nicht um sie kümmerte. So kann man z. B. Wildkatzenjunge durch Handaufzucht gut an den Menschen gewöhnen. Wer die eigene Katze verstehen möchte, sollte sich deshalb mit sozialer Kommunikation, Routine und Motivation der Wildkatze beschäftigen.

Gegenüber Kleine
Säugetiere bilden
die Hauptnahrungs-
quelle der Wildkat-
zen, die jagen, um zu
überleben. Sie jagen
vorzugsweise in der
Dämmerung, passen
sich aber den Ge-
wohnheiten ihrer
Beute an.

Jäger und Aasfresser

Wildkatzen müssen ihr Futter selbst jagen, um zu überleben. Ihre Beute besteht überwiegend aus Nagetieren, ihre bevorzugte Jagdzeit ist die Morgen- und Abenddämmerung, wenn die Nager am aktivsten sind. Sie stimmen ihre Jagdzeit jedoch auch auf andere Beutetiere und je nach Gelegenheit ab. Sie jagen sowohl in offenem Gelände als auch im Wald; am schwierigsten ist es für sie in Gegenden, aus denen ihre Beute im Winter fortzieht. Da sich die Art in einem warmen und trockenen Klima entwickelt hat, können Wildkatzen zwar auch in einer kühlen und feuchten Umgebung überleben, haben dort aber eine deutlich geringere Lebenserwartung. Obwohl Katzen in dem Ruf stehen, sehr effektiv zu töten, gibt es viele unterernährte Wildkatzen, die sogar Aas fressen müssen. Neben kleinen Säugetieren ernähren sich Wildkatzen auch von Vögeln – Studien zufolge machen diese aber nur vier bis 18 Prozent der Nahrung aus – und mancherorts von Reptilien.

Kaninchen, Nagetiere – und Abfall

Je nach Verfügbarkeit der Beute jagen Katzen bis zu zwölf Stunden lang und legen auf einer einzigen Jagdexkursion manchmal über 1,6 Kilometer zurück. Ist die Beute spärlich, dauert es schon einmal 70 Minuten, bis eine Maus gefangen ist. Junge Kaninchen stehen ebenfalls auf dem Speiseplan – in harten Wintern werden auch ältere Tiere nicht verschmäht –, die durchschnittlich zehnmal so viel wie ein Nagetier wiegen, aber nur das Fünffache an Jagdzeit erfordern. Wildkatzen wählen wie andere Tiere auch immer die Option mit dem besten Kosten-Nutzen-Verhältnis.

Durch die harten Jagdbedingungen hat sich bei Wildkatzen eine opportunistische Einstellung zur Nahrungsaufnahme entwickelt, die historisch viel dazu beitrug, dass sich die Tiere in die unmittelbare Nähe des Menschen trauten. So finden sich in bewohnten Gegenden manchmal regelrechte Wildkatzenkolonien, die sich die Tatsache zunutze machen, dass der Mensch regelmäßig und reichlich Abfall produziert. Dieser zieht wiederum Nagetiere an – ein idealer Lebensunterhalt für den Jäger und gelegentlichen Aasfresser Wildkatze.

Der Jagderfolg der Katze beruht auf ihren visuellen und auditiven Fähigkeiten. Sie kann die Quelle eines Geräuschs je nach Entfernung millimetergenau bestimmen. Bewegt sich die Beute, heftet die Katze ihren Blick auf sie; dann hat diese in der Regel kaum eine Chance zu entkommen.

Anpirschen oder im Hinterhalt lauern?

Je nach Art des Beutetiers, Tageszeit, Wetterbedingungen sowie Gesundheit und körperlicher Kondition der Katze wendet diese bei der Jagd zwei grundlegende Strategien an. Bei der ersten, »mobilen« Strategie – anpirschen, verfolgen, zuschlagen – bewegt sich die Katze in einem bestimmten Gebiet und spürt ihre Beute optisch auf.

Hat sie ein Ziel erspäht, erstarrt die Katze, drückt sich flach auf den Boden und pirscht sich an, wobei sie Gras und andere Pflanzen als Deckung benutzt. Sie bewegt sich äußerst langsam und lautlos. Die Ohren zeigen nach vorn, der Blick ist auf die Beute geheftet. Ist Letztere in Reichweite, stößt sich die Katze mit den Hinterbeinen ab und stürzt sich mit den Vorderpfoten auf das Beutetier. Diese Technik wenden Katzen z. B. bei Vögeln an, da diese ein breites Sehfeld haben und Gefahr aus fast jeder Richtung erkennen können.

Bei der zweiten Strategie, dem Hinterhalt, hockt oder steht die Katze bewegungslos neben einem Bau oder einer Höhle, wo sie die Beute – Nager, Kaninchen – erspäht hat, und stürzt sich auf sie, sobald diese sich zeigt. Das Auflauern kann mehrere Stunden dauern – Katzen sind für ihre Geduld berühmt.

Nach dem ersten Zuschlagen »spielt« die Katze mit ihrer Beute: Sie wirft sie mit den Vorderpfoten hin und her, um sie benommen zu machen. Dann beißt sie ihr ins Genick, durchtrennt damit das Rückenmark und tötet sie so augenblicklich. Größere Beutetiere erstickt sie durch einen kraftvollen Klammerbiss in die Kehle. Anschließend wird die Mahlzeit an Ort und Stelle verzehrt, für einen späteren Imbiss versteckt oder zu der Höhle geschleppt, in der die Jungen darauf warten, gefüttert zu werden.

Das Revier ist alles . . .

Die Reviersicherung gehört zum Instinktverhalten der Katze. Welches Revier genau sie benötigt, hängt davon ab, ob es sich bei der Katze um einen Einzelgänger, der hart ums Überleben kämpfen muss, handelt oder um das Mitglied einer Kolonie, die in einer Gegend mit Beute im Überfluss lebt.

Das Revier einer Katze umfasst das Gebiet, das sie braucht, um überleben und gedeihen zu können. Dort kann sie ungestört jagen, schlafen und fressen. Das Kerngebiet, die »Höhle«, ist geschützt und vor Gefahren sicher; dort schläft und frisst sie, bevor sie sich wieder auf die Jagd begibt. Sie wechselt die Höhle von Zeit zu Zeit, um die Sicherheit zu erhöhen und Parasiten vorzubeugen. In der Höhle werden die Jungen geboren und aufgezogen. Doch auch ihren Nachwuchs schleppen Katzenmütter gelegentlich an andere Standorte.

Neben dem Kern des Reviers gibt es noch einen Bereich, den einzelgängerische Katzen ebenfalls aktiv gegen Eindringlinge verteidigen: das sogenannte Streifgebiet. Die Größe dieses Gebiets hängt vom Geschlecht der Katze, von der Jahreszeit, von der zur Verfügung stehenden Nahrung sowie davon ab, wie viele Katzen noch dort leben.

Das Jagdrevier einer Katze ist sogar noch größer als das Streifgebiet – wie groß, hängt wiederum von den Faktoren ab, die auch für das Streifgebiet gelten. Durch das gesamte Revier bewegt sich die Katze auf ausgetretenen Pfaden, oft zu bestimmten Zeiten, insbesondere dann, wenn die Katzenpopulation im Revier sehr groß ist. Jede Katze hinterlässt ihre eigenen Duftmarken und untersucht die anderer Katzen (siehe dazu auch S. 40f.) Der Geruch signalisiert beispielsweise Paarungsbereitschaft oder sichert das Zugangsrecht zu einem besonders wichtigen Teil des Reviers.

Ein einmal etabliertes Revier verlässt die Katze nur, um sich zu paaren oder wenn die Ressourcen darin erschöpft sind. Das Fortpflanzungsrevier von Katern ist deutlich größer als das weiblicher Tiere.

. . . die Größe ist weniger wichtig

Die Territoriumsgröße einer Widlkatze hängt von der Verfügbarkeit der Nahrung sowie davon ab, ob die Nahrung allein oder nur in Kooperation mit anderen Katzen zu bekommen ist.

Frei in der Stadt lebende Katzen haben sich oft zu solchen Familienverbänden zusammengeschlossen, da sie gut gemeinsam im Abfall nach Nahrung suchen können oder von wohlmeinenden Menschen gefüttert

Frei in der Stadt lebende Katzen schließen sich oft zu Gruppen zusammen und halten sich dort auf, wo der Mensch ihnen Nahrung – auch in Form von Abfall – zur Verfügung stellt.

werden. In diesen Fällen kann das Revier einer weiblichen Katze lediglich 0,2 Hektar groß sein, da sie dort alles findet, was sie für sich und ihre Jungen braucht. Das Revier der Kater ist in solchen Fällen meist etwa 2 Hektar groß. Sie leben am Rand des überwiegend matriarchal organisierten Familienverbands und müssen sich zur Paarung weiter hinauswagen. Meist überlappen sich die Streifgebiete von Katern mit denen von Katzen, womit sie auch »zu Hause« einen Fortpflanzungspartner finden könnten; doch oft suchen sie andernorts nach einer paarungsbereiten Katze.

Diese halbwild lebenden Katzen machen sich unseren Nahrungsüberfluss auf das Beste zunutze und tolerieren deshalb relativ viele andere Katzen um sich herum – oft über 30 Tiere auf 0,4 Hektar. Das erreicht schon fast die Populationsdichte von Hauskatzen in einem städtischen Umfeld – hier kommen mehr als 50 Tiere auf 0,4 Hektar.

Wild auf dem Land lebenden Katzen stehen Nahrungsquellen wie Abfall sehr viel weniger zur Verfügung. Sie müssen jagen, um zu überleben, und sind deshalb auf ein Territorium angewiesen, das groß genug für verschiedene Arten von Beute ist, damit alle Ernährungsbedürfnisse abgedeckt werden können. Einer Studie zu wild lebenden Katzen in Australien

Manchmal finden sich innerhalb einer Kolonie zwei oder mehr Katzen zu einer Untergruppe zusammen. Sie verbringen viel Zeit miteinander – man kann fast schon von einer Freundschaft sprechen.

Wissenswertes

- *In einer Gruppe von in der Stadt lebenden wilden Katzen gilt beim Fressen die Rangordnung, dass Jungtiere sich zuerst bedienen dürfen. Das ist bei Löwen ganz anders: Hier darf Papa Löwe vor den Weibchen und sogar vor den Jungen fressen!*

- *Katzen, die sich innerhalb einer Kolonie zu Untergruppen zusammenfinden, sind im Allgemeinen miteinander verwandt.*

- *Durchschnittlich bringt eine Katze pro Jahr sechs Junge zur Welt, von denen jedoch nur 25 % die Geschlechtsreife erleben. Aufgrund dessen haben Experten errechnet, dass eine Katze und ihr Nachwuchs in sieben Jahren 100 weitere Katzen produzieren, wenn alle erwachsenen Katzen überleben.*

zufolge ist das Streifgebiet ausgewachsener Kater dort durchschnittlich 6,2 Quadratkilometer groß, das ausgewachsener Katzen etwa 1,7 Quadratkilometer. Die Populationsdichte beträgt 2,4 pro Quadratkilometer im Sommer und 0,74 im Winter – vielleicht bekommen die Jungen dann nicht genug Nahrung oder werden von anderen Tieren gefressen.

Familien und andere Verbände

Obwohl Katzen keine sozialen Beziehungen brauchen, um zu überleben, kann ihnen der Anschluss an eine Gruppe Zugang zu einer wertvollen Nahrungsquelle verschaffen.

Kolonien wild lebender Katzen bestehen überwiegend aus miteinander verwandten weiblichen Tieren und ihrem Nachwuchs, die an Orten leben, wo der Mensch auf die eine oder andere Weise Nahrung zur Verfügung stellt. Sie durchwühlen beispielsweise Abfallbehälter vor großen Hotels oder Krankenhäusern oder werden regelmäßig von einem Katzenliebhaber gefüttert, der es sich zum Ziel gesetzt hat, die Kolonie am Leben zu erhalten. Wie groß diese Kolonie wird, hängt maßgeblich davon ab, wie viel Nahrung zur Verfügung steht und wie reichlich sowie in welcher Qualität andere Ressourcen in dem betreffenden Gebiet vorhanden sind.

Innerhalb der Gruppe entwickeln die Katzen ein soziales Verhalten, zu dem es beispielsweise auch gehört, sich aneinander zu reiben oder sich gegenseitig zu putzen. Dabei vermischen sich die Körpergerüche der beiden Individuen, was gewissermaßen einen Gruppengeruch aufrechterhält. An diesem Geruch erkennen sich die Mitglieder der Gruppe untereinan-

Zu Kämpfen kommt es in der Kolonie in der Regel nur, wenn die Ressourcen knapp sind. Meist zeigen die Tiere ein soziales Verhalten wie z. B. das gegenseitige Putzen.

Katzen markieren
ihr Revier, indem sie
z. B. Duftdrüsen im
Gesicht an Gegen-
ständen reiben. Der
Geruch vermittelt
der Katze auch ein
gewisses Gefühl der
Vertrautheit und
Sicherheit.

der. Darüber hinaus finden sich innerhalb der Kolonie auch Untergruppen von zwei oder mehr Katzen zusammen, die viel Zeit miteinander verbringen und Zeichen regelrechter Freundschaft zeigen. Die Weibchen ziehen gemeinsam die Jungen der Kolonie auf; haben die männlichen Tiere Geschlechtsreife erreicht, verlassen sie die Gruppe normalerweise oder halten sich nur noch an deren Rand auf. Zu Kämpfen kommt es innerhalb der Kolonie selten, es sei denn, die Ressourcen werden knapp. Steht kaum mehr Nahrung zur Verfügung, zerstreut sich die Gruppe in der Regel.

Es gibt zwar auch dominantere Katzenpersönlichkeiten, die sich in jeder Gruppe bemerkbar machen, doch haben Katzen im Gegensatz zu Hunden keine definierte Rangordnung. Ebenso wenig gibt es eine spezifische Körpersprache oder ein Verhalten, das die Position innerhalb der Gruppe signalisiert. Vielleicht könnte man das älteste weibliche Tier als Alphatier bezeichnen, doch wird jeder Streit um Ressourcen wie etwa Nahrung schlicht an Ort und Stelle durch Kampf entschieden.

So sagen es Katzen

Die Evolutionsgeschichte hat Katzen zu einzelgängerischen Raubtieren gemacht, weshalb sie Gesellschaft beim Jagen weder wollen noch brauchen. Wird im Revier kommuniziert, geht es meist darum, den Abstand zu anderen Katzen zu vergrößern, nicht um die Einladung zur Annäherung.

Die Markierung des Reviers erfolgt durch das Hinterlassen riechender Sekrete aus Drüsen im Gesicht, an den Flanken, an der Basis des Schwanzes und an den Pfoten, mit denen sich die Tiere an Bäumen, Büschen, Mauern u. Ä. reiben. Was genau diese Markierungen bedeuten, wissen wir nicht; sie können jedoch von anderen Katzen »gelesen« werden. Darüber hinaus vermitteln die Duftmarken der Katze, die sie hinterlassen hat, ein Gefühl der Vertrautheit und relativen Sicherheit in dem betreffenden Gebiet.

Deshalb signalisieren Katzen mit dem Reiben des Gesichts auch, dass sie sich in einer bestimmten Umgebung oder sozialen Situation wohlfühlen. Je nach Gegenstand verwenden sie dafür Kinn, Wange oder Stirn. Die Drüsen in den Pfoten werden durch Kratzen aktiviert, womit die Katze in einem ihr wichtigen Teil des Reviers sowohl sicht- als auch riechbare Spuren hinterlässt.

»Verduften« in ganz neuem Sinn

Darüber hinaus setzen Katzen auch Duftmarken mit Urin, und zwar im Gegensatz zum normalen Harnlassen im Stehen an einem senkrechten Gegenstand und mit erhobenem Schwanz. Anschließend zuckt die Katze mit dem Schwanz, tritt auf den Hinterpfoten und streckt das Hinterteil nach oben, um die Duftmarke möglichst weit nach oben zu verteilen. Bei geschlechtsreifen Tieren sind im Urin Duftstoffe enthalten, die Paarungsbereitschaft signalisieren, wobei Kater häufiger markieren als Katzen.

Normalerweise vergraben Katzen ihren Kot; es kann jedoch auch vorkommen, dass sie ihn an einer strategisch wichtigen Stelle im Revier – etwa an der Reviergrenze oder auch mitten auf einem Weg – deponieren. Sie vertreten damit sehr deutlich ihre Revieransprüche gegenüber anderen Katzen; meist liegen also Revierstreitigkeiten vor.

Mit Duftmarken aus Urin signalisieren Katzen in der Regel ihre Paarungsbereitschaft, wobei Kater öfter markieren als weibliche Tiere.

Auge in Auge

Obwohl Katzen grundsätzlich Einzelgänger sind, lässt es sich nicht immer vermeiden, dass auch wild lebende Tiere gelegentlich auf andere Katzen treffen. Da das Überleben der Katze letztlich davon abhängt, dass sie gesund genug zum Jagen und zur Selbstverteidigung bleibt, geht sie offenen Kämpfen meist aus dem Weg – es sei denn, diese sind absolut unvermeidbar. Und dann reicht der Duft zur Kommunikation nicht mehr aus.

Um ihren Standpunkt zu verdeutlichen, verwenden Katzen sowohl optische als auch akustische Signale. Bevor es zum Kampf kommt, versucht man es zunächst mit verschiedenen eindrucksvollen Gebärden. Das angespannte Spiel besteht aus Bluff und Gegenbluff, wobei beide Beteiligten versuchen, den Konflikt beizulegen, ohne das Gesicht zu verlieren. Da es keine Rangordnung gibt, gibt es auch keine Unterwerfungsgeste; ist sie mit einem Angreifer konfrontiert, nimmt die Katze deshalb eine »defensiv-aggressive« Haltung ein, um ihr Gegenüber doch noch davon zu überzeugen, den Kampf gar nicht erst zu beginnen.

Diese Haltung kommt in Ohren, Augen, Schwanz und Körperstellung zum Ausdruck. Der Angreifer etwa nähert sich von der Seite, mit gesenktem Kopf und erhobenem Hinterteil. Die Augen sind zu schmalen Schlitzen verengt, der Schwanz wird waagerecht oder leicht in Bodennähe gehalten. Aus der Kehle dringt ein tiefes Fauchen oder Knurren. Der Verteidiger drückt sich flach auf den Boden oder rollt sich auf den Rücken, um den Angriff mit allen Vieren abzuwehren oder den Angreifer am Bauch zu verletzen. Die Pupillen sind geweitet, die Ohren liegen flach am Kopf an, aus dem geöffneten Maul dringt ein Zischen. Hat der Angegriffene eine Fluchtmöglichkeit und fühlt sich der Angreifer überlegen, zieht Ersterer sich mit gesenktem Kopf und ohne Augenkontakt zurück. Der Angreifer beobachtet dies scheinbar teilnahmslos. Hat der Angegriffene genug Boden gutgemacht, rennt er um sein Leben und wird halbherzig vom Angreifer verfolgt – das Zeichen, dass der Kampf entschieden ist.

Mit Zähnen und Klauen

Die meisten direkten Begegnungen zwischen Katzen, die sich nicht kennen, gehen auf diese Weise aus. Doch manchmal treffen zwei Angreifer aufeinander, von denen keiner nachgeben will.

Meist handelt es sich bei diesen Angreifern um zwei Kater, und meist geht es bei dem Streit um das Revier oder um ein Weibchen. Sie stehen sich gegenüber, berühren sich fast und halten direkten Augenkontakt. Sie bleiben mehrere Minuten in dieser Position und geben

dabei markerschütternde Klagelaute von sich. Plötzlich dreht einer der beiden die Ohren nach hinten – ein deutliches Zeichen des Angriffs. Er versucht, den Gegner in den Hals zu beißen. Gleichzeitig rollt dieser sich auf den Rücken, um den Angreifer mit den Vorderpfoten festhalten und mit den Hinterpfoten am Bauch verletzen zu können.

Der folgende Kampf findet mit geradezu atemberaubender Geschwindigkeit statt: Die Kater rollen sich am Boden hin und her; der eine versucht, die Hinterpfoten einzusetzen, der andere versucht, mit den Zähnen den Hals des Gegners zu erreichen. Bleibt einer der beiden dabei lange genug in einer defensiven Haltung, lässt der Angreifer vielleicht von weiteren Attacken ab, und die beiden trennen sich relativ unverletzt. Sie sind dann übereingekommen, dass es einen Sieger und einen Verlierer gibt – das reicht. Doch hat der Angreifer die Chance zuzubeißen, können sich diese potenziell tödlichen Wunden entzünden, was zu einer Blutvergiftung führen kann. Zudem sind Bisswunden der Hauptübertragungsweg des Felinen Immundefizienz-Virus (FIV); das Virus aus der Familie der Retroviren ist bei Hauskatzen auf der ganzen Welt weit verbreitet und verursacht eine Aids-ähnliche Erkrankung.

Andere Kämpfe wirken im Vergleich dazu eher harmlos. Dabei versetzen sich die Tiere kräftige und schnelle Vorderpfotenhiebe ins Gesicht und an andere Körperstellen und beißen sich gegenseitig. Solcherlei Geplänkel enden meist damit, dass man sich trennt und bei nächster Gelegenheit das Weite sucht. Oberflächliche Biss- und Kratzwunden sind die Folge, und es gibt kaum einen Kater ohne entsprechende Narben an Gesicht und Ohren.

Kater lassen sich öfter in Kämpfe verwickeln als Katzen. Studien zufolge sind Kater mit rotem Fell aggressiver als Kater mit anderen Fellfarben.

Von den Bienen und den Blumen

In den meisten Gegenden werfen Hauskatzen zweimal im Jahr. Zu bestimmten Zeiten haben die Weibchen mehrere Brunstzyklen, wobei der Hauptzyklus auf der nördlichen Hemisphäre im frühen Frühjahr liegt.

In dieser Zeit haben die Weibchen alle 15 Tage einen Zyklus, es sei denn, sie empfangen. Bei den Wildkatzen müssen die Männchen sich unter Umständen auch außerhalb ihres Streifgebiets nach einem paarungsbereiten Weibchen umsehen. Bei wild in der Stadt lebenden Katzen bedienen sich die Kater nicht nur in der eigenen, sondern auch in anderen Gruppen.

Der Paarungserfolg des Männchens hängt von seinem Alter und Gewicht ab; damit kann der Kater Rivalen aus dem Rennen werfen. Allerdings bedeutet das noch lange nicht, dass er der »König« in seinem Fortpflanzungsrevier bleibt – es kommt durchaus vor, dass sich jüngere, leichtere Kater einschleichen, um die Herzen der Damen zu gewinnen. Meist bleiben die schwächeren Männchen in der Nähe der Gruppe und paaren sich mit den Weibchen, wenn die stärkeren Kater unterwegs sind. Da die Tiere einer Gruppe oft miteinander verwandt sind, ist Inzucht an der Tagesordnung.

Wo Promiskuität zum guten Ton gehört

Die Weibchen sind bei der Wahl des Partners wenig wählerisch. Wird eines von mehreren Männchen umworben, kann es sogar Streitereien zwischen diesen schlichten, um zu verhindern, dass sich ein dominantes Männchen das Paarungsmonopol sichert. In den vier oder fünf Tagen des Brunstzyklus kann eine Paarung innerhalb von 24 Stunden 15 bis 20 Mal stattfinden. In dieser Zeit setzt das Weibchen häufiger Duftmarken, um so viele Männchen wie möglich anzuziehen. Obwohl das durchsetzungsfähigste Männchen meist am erfolgreichsten ist, kommen auch die anderen Kater zum Zug; Streitigkeiten unter den Wartenden gibt es dabei kaum.

Bei diesen Voraussetzungen überrascht es wenig, dass auch Hauskatzen nicht monogam sind und keine Paarbindung eingehen. Das Weibchen paart sich mit mehreren Verehrern, und es kommt häufig vor, dass die Jungen aus ein und demselben Wurf verschiedene Väter haben.

Von der Paarung zum Kätzchen

Kurz vor der Rolligkeit setzt das Weibchen Urinduftmarken an prominenten Gegenständen im Revier, um Paarungsbereitschaft zu signalisieren. Ist das Weibchen rollig, gibt es bestimmte Klagelaute von sich, rollt sich auf den Rücken und kauert sich mit abgewinkeltem Schwanz auf den Boden – damit wird die Paarungsstellung, die sogenannte Lordose, imitiert.

Der Kater besteigt das Weibchen von hinten und putzt zuerst den Kopf der Katze, bevor er sie mit dem Kiefer im Genick packt. Die Paarung selbst ist kurz. Zieht der Kater sich zurück, schreit das Weibchen vor Schmerz, da sich am Penis des Männchens Widerhaken befinden, die beim

Gegenüber Katzen sind nicht monogam und gehen keine Paarbindung ein. Die Weibchen paaren sich mit mehreren Katern und bringen unter Umständen auch Junge verschiedener Väter in einem Wurf zur Welt.

Weibchen die Ausschüttung von Hormonen auslösen, die die Ovulation anregen. 24 Stunden nach der Paarung erreicht das Sperma die Eizellen und befruchtet diese.

Gegen Ende der 63 Tage dauernden Tragezeit sucht sich die Katze einen sicheren Ort, um die Jungen zur Welt zu bringen. Wildkatzen bevorzugen trockene, zurückgezogene Stellen wie etwa Dickichte, Baumhöhlen oder Geröllhaufen. Beginnen die Wehen, wird die Katze unruhig und leckt sich die Vulva. Die Geburt eines Jungtiers dauert zwischen einer und 50 Minuten, der Wurf kann aus einem bis zehn Jungen bestehen, durchschnittlich sind es vier oder fünf Junge. Sie werden in ihrer Plazenta geboren; die Mutter entfernt diese dann und frisst sie auf. Zudem entfernt sie Schleim von Nase und Maul des Jungtiers, damit die Atemwege frei sind, und leckt es trocken.

In Kolonien betätigen sich die anderen Weibchen oft als Hebammen, insbesondere wenn sie zur gleichen Zeit trächtig sind. Sie säugen die Jungen sogar gemeinsam und halten sie gemeinsam sauber. Sie beschützen sie vor Feinden und ins Revier eindringenden Katern. Es wurde auch schon beobachtet, dass sich die Kater einer Gruppe an der Aufzucht der Jungen beteiligen. Sie füttern und putzen sie und legen sich zu ihnen, wenn das Weibchen unterwegs ist, um sie warm zu halten.

Gegenüber Beim Spielen erwerben junge Katzen wichtige Überlebensfähigkeiten. Zudem wird durch das Spielen das Band zu den Geschwistern gestärkt.

Zeit zum Spielen!

Das Spielen ist vor allem – aber nicht nur – für Katzen wichtig, die in freier Wildbahn aufwachsen. Dadurch wird das Band zu den Geschwistern gestärkt, und es werden für das spätere Überleben wichtige Fähigkeiten trainiert.

Mit dem Spielen beginnen die Jungtiere im Alter von etwa zwei Wochen, wobei sie zunächst nur im Nest herumtollen. Können sie laufen, imitieren sie etwas unbeholfen verschiedene Haltungen, die sie sich bei den Erwachsenen beim Jagen oder Kämpfen abgeschaut haben. Sie springen, beißen, treten, laufen seitwärts wie Krabben und krümmen dabei Rücken und Schwanz. Damit laden sie andere Junge zum Spielen ein; das leicht geöffnete Maul – eine exklusiv diesem Alter vorbehaltene Mimik – signalisiert, dass alles nur Spaß ist. Nach einem solchen spielerischen Kampf hören die Jungen oft plötzlich auf, kuscheln sich aneinander und putzen sich gegenseitig.

Sind sie etwa fünf Wochen alt, beginnen sie, auch mit Gegenständen zu spielen – bei Wildkatzen bringt die Mutter den Jungen lebende Beute mit. Schon eine

Mit zunehmendem Alter werden die Spiele unter den Geschwistern immer rauer. Die steigende Aggression zeigt, dass die Jungen nun weitgehend selbstständig sind.

Woche später töten die Jungen zum ersten Mal selbst. In den nächsten Wochen erlernen sie die Augen-Pfoten-Koordination und entwickeln die Fähigkeit, die Beute von der einen zur anderen Pfote zu werfen. Damit machen sie die Beute vor dem Töten benommen, damit diese nicht plötzlich zurückbeißt. Denn auch kleine Nager haben spitze Zähne!

Geschwister spielen ständig miteinander, bis sie etwa 14 Wochen alt sind. Mit zunehmendem Alter können die Spielkämpfe auch einmal eskalieren; außerdem spielen männliche Jungtiere von Natur aus aggressiver als weibliche – was die Mutter nach einigen Monaten schließlich dazu veranlasst, die ihren männlichen Nachwuchs von zu Hause zu vertreiben.

Wie gut Wildkatzen als Junge spielen können, hat keinen Einfluss darauf, wie groß später ihr Jagderfolg ist. Die speziellen Jagdfähigkeiten erwirbt das Jungtier durch Beobachten der Mutter sowie dadurch, dass es in jungem Alter reichlich Zugang zu Beute hat. Die meisten Wildkatzen spezialisieren sich, bevorzugen also eine bestimmte Beuteart.

Das Lecken – mehr als nur Putzen

Vom ersten Tag ihres Lebens an spielt das Putzen eine ganz besondere Rolle bei jungen Katzen. Die Mutter leckt die Plazenta auf, trocknet dem Jungen das Fell und regt durch Lecken die Atemtätigkeit an.

Ab der dritten Lebenswoche beginnt das Junge, sich rudimentär selbst zu putzen; drei Wochen später putzt es sich und seine Geschwister dann regelmäßig. Dadurch werden die sozialen Bande gefestigt, die sehr lange halten können, wenn die Gruppe zusammenbleibt. Das gegenseitige Putzen findet hauptsächlich am Kopf und an den Ohren statt, was auch sinnvoll ist, da Katzen diese Stellen schlecht selbst erreichen können. Zudem wird dadurch ein wiedererkennbarer Gemeinschaftsgeruch geschaffen.

Katzen verbringen bis zu 30 Prozent der Zeit, in der sie wach sind, damit, sich zu putzen. Über Kopf und Ohren streichen sie mit den angefeuchteten Pfoten: eine Pfote für jede Seite und von hinten nach vorn.

Doch geht es beim Putzen nicht nur um Sauberkeit. Durch das Verteilen des Speichels auf dem Fell wird auch die Körpertemperatur reguliert; deshalb putzen sich Katzen vermehrt nach dem Spielen und Jagen oder

Schwer zu erreichende Stellen putzen Katzen, indem sie sich die Pfoten nass lecken und damit über die jeweiligen Stellen streichen. So streichen sie sich beispielsweise mehrmals von hinten nach vorn über den Kopf.

wenn es sehr heiß ist. Das Knabbern am Fell regt den Haarwuchs an; gleichzeitig werden dabei alte Haare, Schmutz und Parasiten entfernt. Darüber hinaus aktiviert das Lecken Drüsen in der Haut, die das Fell wasserdicht machen, was natürlich vor allem den Katzen zugute kommt, die bei jedem Wetter jagen müssen.

In der geruchszentrierten Welt der Katzen hat das Putzen noch eine weitere Funktion. Dadurch wird der Eigengeruch der Katze vom Hinterteil über das ganze Fell verteilt. Reibt sich die Katze nun an Gegenständen, gibt sie einerseits ihren Geruch an diesen Gegenstand ab und hinterlässt somit eine »Nachricht« und nimmt andererseits »Nachrichten« anderer Katzen auf. Unmittelbar nach dem Streifen des Gegenstands putzt sie sich, um den fremden Geruch zu schmecken.

Dösen und Schlafen

Wenn Wildkatzen nicht jagen, umherstreifen oder sich paaren, schlafen sie. Gut genährte Katzen verschlafen bis zu zwei Drittel des Tages.

Die Schlafmenge hängt von den Wetterbedingungen, vom Alter – ältere Katzen und Jungtiere schlafen am meisten –, vom Hunger und von der sexuellen Aktivität ab. Ist die Wildkatze hungrig und Nahrung knapp, muss das Tier mit weniger Schlaf auskommen, um zu überleben.

Eigentlich besteht der Schlaf aus einer Serie von Nickerchen, die die Katze tagsüber hält. Wild lebende Katzen, die in den Genuss des regelmäßigen Gefüttertwerdens kommen, halten längere Nickerchen, um ihre Energiereserven zu schonen. Diese Strategie eignet sich auch für Katzen, die in Gruppen leben.

Der Schlafplatz ist normalerweise versteckt, trocken und zugfrei. Die Katzen wechseln ihn von Zeit zu Zeit, um die Sicherheit zu erhöhen und dem Ansammeln von Parasiten entgegenzuwirken. Welche Stellung die Katze beim Schlafen einnimmt, hängt von der Umgebungstemperatur ab. In kühleren Gegenden rollt sie sich zusammen und versteckt die Nase am Hinterbein; den Schwanz schlingt sie sich wie einen Schal um den Kopf. Findet das Nickerchen in der geschützten Umgebung der Kolonie in der Sonne statt, streckt sich die Katze beim Schlafen aus.

Die Tiefe des Schlafs variiert. In den ersten zehn bis 30 Minuten ist er eher leicht; in dieser Zeit wacht die Katze auch leichter auf. Bleibt sie ungestört und liegt satt an einem sicheren Ort, vertieft sich der Schlaf, und

Gut genährte Katzen verschlafen bis zu zwei Drittel des Tages, meist in einer Serie kleinerer Nickerchen. Studien der Hirnströme während des Schlafs weisen darauf hin, dass auch Katzen träumen.

der Körper entspannt sich allmählich. Dann beginnen verschiedene Muskeln – vielleicht in Pfote oder Auge – zu zucken, die Augen bewegen sich unter den geschlossenen Lidern. Man spricht dann vom REM-(»rapid eye movement«)Schlaf, in dem die Hirnströme ein ähnliches Muster wie im Wachzustand aufweisen. Dies ist auch die Zeit für Träume – bei Katzen ebenso wie bei Menschen.

Verbale Kommunikation

Wildkatzenjunge kommunizieren mit der Mutter auch über die Stimme, ebenso wie erwachsene Wildkatzen einander mit Lauten begrüßen – sei es freundlich oder eher barsch.

Die Laute lassen sich in unterschiedliche Gruppen einteilen, je nachdem, mit welcher Maulstellung sie produziert werden. Beim Öffnen und

Die Laute, die eine Katze mit starr geöffnetem Maul von sich gibt, dienen der Aggressionsäußerung und Verteidigung. Sie sollen den Gegner erschrecken und der Katze selbst die Flucht ermöglichen.

Gegenüber Hauskatzen kommunizieren öfter verbal als Wildkatzen.

Schließen des Mauls kommt das typische »Miau« heraus, wobei das M geformt wird, bevor sich das Maul öffnet. Forschern ist es gelungen, mindestens 19 verschiedene Varianten des Miau zu differenzieren, die sich nach Lautstärke, Klang, Tonfall, Tonhöhe und Gebrauchssituation unterscheiden.

Wildkatzen miauen als Jungtiere in der Kommunikation mit der Mutter, wenn sie einander begrüßen und bei der Paarung. Ist die Katze gestresst oder hat sie Schmerzen, äußert sie das harschere »Au«. Da Wildkatzen das Miau seltener brauchen, benötigen sie auch nicht die 19 Variationen, mit denen Hauskatzen mit ihren Besitzern kommunizieren. Nonverbale Kommunikation spielt bei Wildkatzen eine viel größere Rolle; auf Laute greifen sie nur zurück, wenn sie z. B. die andere Katze nicht sehen.

Die zweite Lautgruppe wird mit geschlossenem Maul gebildet, darunter auch das Schnurren und das Zirpen. Das Schnurren ist Jungen beim Säugen oder Situationen vorbehalten, in denen positive soziale Interaktion gewünscht ist. Mit dem Zirpen begrüßen Katzen, die sich kennen, einander freundlich nach längerer Abwesenheit.

Die dritte Kategorie schließlich umfasst Laute, die mit starr geöffnetem Maul geäußert werden; sie dienen der Aggressionsäußerung und Verteidigung. Dazu gehören das Zischen, Fauchen, Knurren, Spucken und Kreischen. Besonders Letzteres ist so durchdringend, dass es manchen Angreifer in die Flucht schlägt.

WISSENSWERTES

- *Studien zufolge unterstützt die Vibration des Schnurrens das Wachstum von Knochen und anderem Gewebe.*

- *Forscher konnten 19 verschiedene Miaus differenzieren, die sich nach Lautstärke, Klang, Tonhöhe, Rhythmus und Gebrauchssituation unterscheiden.*

- *Äußern Katzen ein unhörbares, »stummes« Miau, wollen sie Aufmerksamkeit oder zeigen ihrem Besitzer gegenüber echte Zuneigung. Möglicherweise ist das Miau aber gar nicht stumm, sondern wird nur in einer Tonhöhe geäußert, die für das menschliche Ohr nicht hörbar ist.*

Teil 3

Katze und Mensch

Die Hauskatze

Die Verbindung zwischen Katze und Mensch nahm vor Tausenden von Jahren ihren Anfang. Da sich unser Leben und unsere Bedürfnisse ständig ändern, ist diese Verbidnung heute komplexer denn je.

Wir halten Katzen in Städten heute hauptsächlich zu unserem Vergnügen; ihre angestammte Berufung als Ratten- und Mäusebekämpfer müssen sie kaum noch ausüben.

Da sich in städtischen und vorstädtischen Gebieten heute manchmal sogar mehrere Katzen pro Haushalt tummeln, übersteigt die Populationsdichte ihr natürliches Maß bei Weitem. Viele Katzenbesitzer halten die Tiere aus Angst vor potenziellen Gefahren ausschließlich in der Wohnung. Besorgniserregend ist auch, dass Katzen heute mit solch ausgefallenen Merkmalen gezüchtet werden, dass man den Besitzern sogar rät, sie nicht ins Freie zu lassen. Und wächst die Weltbevölkerung in diesem Umfang weiter, wird auch der Lebensraum der Katze immer mehr eingeschränkt werden.

Viele Züchtungen zielen darauf ab, Katzen zu Hunden zu machen, sie erziehbar zu machen und an der Leine zu führen. Sie müssen sich an strenge Regeln der Hausordnung halten und belohnen uns dennoch mit bedingungsloser Liebe und Aufmerksamkeit. Dabei laufen wir Gefahr, die angeborenen Fähigkeiten einer Spezies aus den Augen zu verlieren, die sie zu einem so erfolgreichen und einzigartigen Tier machen.

Die meisten Menschen bewundern die Eigenschaften der Katze immer noch, auch wenn sie jagen, obwohl sie gefüttert werden, und die Möbel zerkratzen. Welche Lebensumstände wir den Katzen auch immer zumuten – sie werden in vielen Teilen der Welt immer ein treuer Begleiter des Menschen bleiben. Wir investieren mittlerweile riesige Mengen an Zeit, Emotion und Geld in unsere Katzen, die wir eher als Familienmitglieder denn als Haustiere betrachten. Doch war die Geschichte der Beziehung zwischen Mensch und Katze von jeher wechselvoll, die Tiere wurden gleichermaßen geliebt wie verfolgt.

Die Geschichte der Domestizierung

Der Vorfahr der heutigen Katze, der Pseudaelurus, entwickelte sich vor etwa 26 bis 38 Millionen Jahren. Vor ihrer Domestizierung waren kleine Wildkatzen überall auf der Welt weit verbreitet; sie lebten Seite an Seite mit dem Menschen und hatten wenig Kontakt zu ihm. Wann genau die Domestizierung stattfand, ist umstritten. Archäologische Funde auf Zypern – menschliche Überreste gemeinsam mit denen einer kleinen Katze – verweisen auf die Zeit um 7500 v. Chr. Aus der Türkei sind von

Ursprünglich wurden Katzen aufgrund ihrer Fähigkeit domestiziert, die Nagetierpopulation in Grenzen zu halten. In vielen Kulturen verehrte man Katzen jedoch auch als Götter.

6000 v. Chr. Statuen erhalten, die Frauen beim Spiel mit domestizierten Katzen zeigen. Im Jahr 2007 veröffentlichte genetische Studien behaupten jedoch, die Abstammung domestizierter Katzen auf sieben Quellen im Nahen Osten – heute Irak, Libyen, Syrien, Israel, Kuwait, die südöstliche Türkei und Südwestiran – zurückführen zu können, und zwar auf früheste jungsteinzeitliche Siedlungen, die es möglicherweise vor über 100 000 Jahren gab. Die Abkömmlinge dieser »Ursprungshauskatzen« sollen dann von Menschen über die ganze Welt verbreitet worden sein.

Sicher ist jedenfalls, dass die Vorratshaltung für den Menschen überlebensnotwendig wurde, als sich die traditionelle nomadische Lebensweise

WELCHES LAND HAT DIE MEISTEN HAUSKATZEN?

Wie viele Hauskatzen es weltweit gibt, kann man nur schätzen. Die Zahlen der zehn Länder mit den meisten Hauskatzen stammen von 2006.

USA	76 430 000	*Italien*	9 400 000
China	53 100 000	*Großbritannien*	7 700 000
Russland	12 700 000	*Deutschland*	7 700 000
Brasilien	12 466 000	*Ukraine*	7 350 000
Frankreich	9 600 000	*Japan*	7 300 000

ihrem Ende näherte. Vorratshaltung bedeutete u. a. Getreidespeicher – und die zogen Nagetiere an. Diese wiederum übten eine unwiderstehliche Anziehungskraft auf die Wildkatzenpopulation der Gegend aus, was der Mensch zu nutzen wusste. So etwa bewogen die Ägypter die Katzen zum Bleiben, indem sie sie mit Essensresten fütterten. Bei so viel Nahrung – Futter wie Beute – und kaum natürlichen Feinden bildeten sich bald Katzenkolonien. Die Katzen ähnelten der Falb- oder Afrikanischen Wildkatze *(Felis silvestris lybica),* die noch heute in der Gegend anzutreffen ist und als sehr junges Tier sogar gezähmt werden kann. Über das Mittelmeer gelangten die Katzen auch auf andere Kontinente. Im 4. Jahrhundert n. Chr. hatte sich der Ruf der Katze als effizienter Nagetierentsorger im ganzen Römischen Reich herumgesprochen. Im 18. Jahrhundert wurde die Katze auch in der von Rattenplagen heimgesuchten Neuen Welt heimisch.

Obwohl Katzen für den Menschen von ganz praktischem Nutzen waren, verehrte man sie in vielen Kulturen auch als Götter. Jahrhundertelang schrieb man ihnen übernatürliche Kräfte zu. In Europa hatten sie einen festen Platz in zahlreichen kultischen und religiösen Ritualen. Im mittelalterlichen Frankreich opferte man die Tiere, um eine reiche Ernte sicherzustellen; dort galten sie auch als »Vertraute« von Hexen.

Fall und Aufstieg der Katze

Nach der Verehrung als Götter erlitten die Katzen das umgekehrte Schicksal: Sie wurden dämonisiert. Im 13. Jahrhundert verbot die katholische Kirche die Anbetung katzenähnlicher Götter. Fortan galten Katzen als Manifestation des Teufels; sie wurden zu Hunderttausenden gequält und getötet, was die Katzenpopulation weltweit um mehr als 90 Prozent dezimierte. Dazu trug auch die Pest bei, hielt man die Tiere doch fälschlicherweise für Überträger und schlug sie tot, wo immer man sie antraf.

Noch im 19. Jahrhundert schlachtete man Katzen in weiten Teilen Europas aus rituellen Gründen oder einfach zur Unterhaltung ab, bis die Kirche unter dem Druck der Aufklärung von der Hexenverfolgung abließ. Die

Ausdehnung urbaner Gebiete führte zu einem Anstieg der Population verwilderter Katzen im viktorianischen England, die die der Hauskatzen bei Weitem übertraf. Dennoch wurden auch Letztere immer beliebter; 1871 fand im Crystal Palace in London die erste offizielle Katzenausstellung statt, deren Organisatoren das Bild der Katze in der Öffentlichkeit verändern wollten. Der Trend fand Nachahmer: 1881 am Broadway in New York und 1895 am Madison Square Garden. 1927 wurde die britische Katzenschutzorganisation Cats' Protection League gegründet, bereits seit 1866 gibt es die American Society for the Prevention of Cruelty to Animals (ASPCA). Die Katze hatte ihren Status als beliebtes Haustier wiedererlangt.

Die eindrucksvollen Zahlen der zehn Länder mit den meisten Katzenbesitzern (siehe S. 58) dienen nur zur groben Orientierung, geben aber dennoch

Bis weit ins 19. Jahrhundert hinein wurden Katzen von der Kirche als Manifestation des Teufels dämonisiert. Mit der ersten offiziellen Katzenausstellung 1871 erlangten sie ihren heutigen Status als beliebtes Haustier.

einen Einblick in das Ausmaß der Faszination des Menschen von der Katze. Global gesehen stehen Sie mit Ihrer Katzenliebe also durchaus nicht allein da; trotzdem ist es natürlich immer *Ihre Katze,* die Ihre ganze Liebe und Aufmerksamkeit verdient. Und um diese, d. h. die indivduelle Persönlichkeit Ihrer Katze besser zu verstehen, lohnt ein Blick auf die Anfänge.

Was in den Genen steckt

Um zu verstehen, was Ihre Katze so einzigartig macht, sollten Sie sich nun ein wenig mit Biologie beschäftigen, genauer gesagt mit Chromosomen und Genen. Wie beim Menschen fängt auch bei Katzen alles mit einem Männchen und einem Weibchen an, die gemeinsam ein neues Leben schaffen. Dieses neue Leben weist Charakteristika beider Elternteile auf. Jedes Chromosom besteht aus Protein und einem einzelnen Desoxyribonukleinsäuremolekül (DNS bzw. DNA) im Inneren des Zellkerns. Die DNA wird von den Eltern an die Kinder weitergegeben und enthält spezifische Merkmale, die das Lebewesen von anderen unterscheiden. Die Chromosomen bestehen aus langen Gensträngen; in jedem Gen sind Informationen über Entwicklung, Wachstum und Gesundheit gespeichert. Die Chromosomen in einer Zelle sind paarweise angeordnet: Katzen haben 19 Chromosomenpaare, Menschen 23. Die beiden Chromosomen eines Paars enthalten Gene für die jeweils gleichen Merkmale – jede Katze hat für jede Eigenschaft also zwei Gene.

Wenn eine Sperma- und eine Eizelle sich zur ersten Zelle eines neuen kleinen Kätzchens vereinigen, bilden die Hälfte des männlichen und die Hälfte des weiblichen Chromosomensatzes einen komplett neuen Satz. Diese erste Zelle teilt sich und bringt Billionen neuer Zellen hervor, die alle denselben genetischen Code besitzen. Welche Merkmale sich durchsetzen, hängt davon ab, wie dominant die jeweiligen Gene sind. So ist die eine Fellfarbe beispielsweise dominanter als eine andere; häufig setzt sich Schwarz durch.

Einige Gene sind an das Geschlecht des Tiers gebunden. Während das Weibchen zwei gleiche Geschlechtschromosomen – XX – besitzt, hat das Männchen zwei verschiedene – XY. Das orange Gen liegt auf dem X-Chromosom und kann sich als orange oder schwarze Fellfarbe zeigen. Ein Kater – mit nur einem X – hat entweder ein oranges oder schwarzes Fell, nicht beides. Ist er dennoch mehrfarbig, besitzt er alle oder einige der beiden weiblichen X-Chromosomen. Das kommt allerdings nur sehr selten vor – wenn, dann ist der Kater nicht zeugungsfähig.

WISSENSWERTES

- *Die Augenfarbe ist genetisch an die Fellfarbe gebunden.*

- *Katzen, die eine punktuell dunklere Farbe aufweisen – etwa Siamkatzen –, besitzen ein Gen, das die Farbe auf die kältesten Körperbereiche begrenzt: Kopf, Schwanz und Pfoten. Bei älteren Katzen wird die Durchblutung schwächer – der Körper kühlt sich ab, und die Farbe zeigt sich auch an anderen Stellen.*

- *Es gibt nur zwei grundlegende Fellfarben bei Katzen: Schwarz und Rot bzw. Orange. Alle anderen Farben sind Varianten davon.*

Was den Charakter ausmacht

Das Äußere einer Katze wird unzweifelhaft von den Genen bestimmt. Doch wie sieht es mit ihrer individuellen Persönlichkeit aus? Ist auch diese von der Natur – den Genen – beeinflusst, oder hängt sie von der Umgebung ab, ist also anerzogen?

Bei Katzen unterscheidet man grundsätzlich zwei Charaktere: erregbar und reaktionsfreudig oder ruhig und langsam. Die unterschiedlichen Grade an Erregbarkeit und Schüchternheit sind wahrscheinlich ererbt, etwa durch die genetische Festlegung, wie viel Adrenalin bei Gefahr ausgeschüttet wird. Zudem werden bestimmten Rassen verschiedene Temperamente zugeschrieben: Siamkatzen gelten als gesellig, anhänglich und sensibel, Burma-Katzen als durchsetzungsfähig und kontaktfreudig, Perserkatzen als sehr friedfertig. Das lässt vermuten, dass diese Persönlichkeitsmerkmale durchaus vererbbar sind. Einige Studien widmeten sich der Frage, welchen Einfluss der Vater auf die Persönlichkeit der Jungen hat – hört dieser doch nach der Zeugung bereits auf. Dabei stellte sich heraus, dass mutige Väter mutige Junge hervorbringen und scheue Väter scheue Junge. Die Mutter mag einen ähnlich großen genetischen Einfluss haben, sie formt die Jungen aber auch durch ihr Verhalten. Die Kleinen beobachten die Mutter und ahmen sie nach.

In anderen Studien bat man Katzenbesitzer, Auskunft über spezifische Persönlichkeitsmerkmale ihrer Haustiere zu geben. Abgefragt wurde u. a. das Verhalten der Katze gegenüber anderen Katzen oder Menschen, ob die Katze sich eher ängstlich, anhänglich, gleichgültig oder feindselig zeigt. Gefragt wurde auch nach Eigenschaften wie Erregbarkeit, Agilität, Neugierde, Anspannung und Wachsamkeit. Auf diese Weise interpretierten die Forscher fundamentale Verhaltensmerkmale der Katze nach menschlichen Maßstäben. Daraus lassen sich zwar keine »harten« Fakten schließen, dennoch lässt die Interpretation einige Schlussfolgerungen zu. Natürlich leistet auch die Beziehung zwischen Besitzer und Katze ihren Beitrag zum Charakter des Haustiers.

BEZIEHUNGEN

Ich hatte einst Gelegenheit, ein ganzes Jahr lang das Aufwachsen von Geschwistern der Ragdoll-Rasse zu beobachten. Ihre Persönlichkeiten reichten von scheu bis kontaktfreudig, von launisch bis freundlich. Im Laufe der Zeit veränderte sich der Charakter gemäß den gemachten Erfahrungen. Eines der Kätzchen kam in die Hände einer sehr liebevollen Besitzerin, die eine lange Flugreise plante. Aus Angst davor, nicht zurückzukehren, hielt sie die Eigenschaften ihrer Katze akribisch in einem Tagebuch fest, damit der potenzielle spätere Besitzer sie berücksichtigen könnte. Das war völlig unnötig – jede Beziehung zwischen Mensch und Katze ist einmalig, und jede Katze wird sich bei einem anderen Besitzer auch anders verhalten. Es reicht völlig aus, sich die grundlegenden Merkmale der Spezies bewusst zu machen; dann steht einem glücklichen gemeinsamen Leben nichts im Wege.

Mit uns leben lernen

Keine Katze wird mit der Fähigkeit geboren, ganz automatisch in Harmonie mit ihrem Besitzer zu leben. Katzen müssen erst *lernen,* unsere wenig katzenspezifischen Lebens- und Verhaltensweisen zu akzeptieren.

Wie bereits erwähnt, hängt die Katzenpersönlichkeit von ererbten Merkmalen und erlernten Verhaltensweisen ab. Um also sicherzustellen, dass Ihre Katze ein gutes Haustier ist und daran auch Freude hat, sollte sie so früh wie möglich positive Erfahrungen mit Menschen in einer häuslichen Umgebung sammeln. Die prägnantesten Verhaltensweisen erlernt die Katze im Alter zwischen zwei und sieben Wochen. In dieser sogenannten sensiblen Phase sind die Jungen besonders aufnahmefähig und lernen schnell. Erlebt die Katze in dieser Zeit die Begegnungen mit Menschen, Hunden und anderen Katzen als positiv, bilden sich soziale Bande, die spätere Probleme verhindern. Dieser frühe Sozialisierungsprozess liegt überwiegend in der Verantwortung des Katzenbesitzers.

Studien zufolge kann eine angemessene und richtige Sozialisierung enorme Vorteile haben. Setzt man die Jungen in der sensiblen Phase beispielsweise häufig verschiedenen Menschen aus, sind die Katzen später in der Regel viel geselliger als die Tiere, die nur Kontakt mit einem Men-

Katzen werden nicht mit der Fähigkeit, mit Menschen zu leben, geboren; junge Katzen brauchen möglichst viele positive Kontakte mit Menschen in einer häuslichen Umgebung.

schen hatten. Wichtig war auch der Kontakt mit Menschen verschiedenen Geschlechts und Alters.

Doch geht es nicht nur um den Menschen. Die jungen Katzen müssen auch lernen, in einer häuslichen Umgebung zu leben. Sie müssen lernen, mit Dingen wie lauten Geräuschen, Kindern, Hunden, Staubsaugern und Autos zurechtzukommen. Haben sie diesbezüglich die richtige Sozialisierung erhalten, sind sie im Alter von etwa zwölf Wochen so weit, in ein neues Zuhause einzuziehen. Dann haben sie genügend Zeit mit der Mutter und den Geschwistern verbracht, um so viel wie möglich von ihnen zu lernen.

Katzen mit Stammbaum

Seit dem späten 19. Jahrhundert versucht man, Katzen mit bestimmten Proportionen, Felllängen und Fellfarben zu züchten, die neben einem außergewöhnlichen Äußeren auch noch ungewöhnliche Persönlichkeiten aufweisen. Heute sind weltweit mehr als 70 solcher Rassen registriert.

Katzenpersönlichkeiten unterscheiden sich teilweise erheblich voneinander, doch kann man generell sagen, dass Katzen, die ein längeres oder kürzeres Fell als gewöhnlich haben – etwa die kurzhaarige British oder American Shorthair –, als gelassen und ruhig gelten, während die schlankeren orientalischen Rassen unabhängiger, aber auch kontaktfreudiger sind.

Da sich die Persönlichkeit aus dem komplexen Zusammenspiel von Hormonen, genetischen Merkmalen und frühen Erfahrungen ergibt, werden sich jedoch auch zwei Katzen der gleichen Rasse niemals auf exakt dieselbe Art und Weise verhalten oder dieselben Charaktereigenschaften aufweisen. Dennoch zeichnen sich die verschiedenen Rassen durch übereinstimmende gröbere Merkmale aus, anhand derer der Besitzer die Katze auswählen kann, die am besten zu ihm und zu seiner häuslichen Umgebung passt. Arbeitet der Besitzer beispielsweise den ganzen Tag außer Haus, sollte er sich möglichst keine Katze anschaffen, die als lebhaft oder höchst gesellig beschrieben wird, da diese Katze Gesellschaft und Unterhaltung braucht. Führt umgekehrt jemand ein eher hektisches Leben ohne Routineabläufe, ist eine als scheu oder sensibel beschriebene Rasse vermutlich ebenfalls nicht die ideale Wahl.

Informieren Sie sich also vor dem Kauf über den Stammbaum bzw. die Rasse Ihrer zukünftigen Katze, denn wie gesagt: Nicht jede Katze passt zu jedem Menschen. Als Katzenbesitzer gehen Sie eine ernsthafte Ver-

ANNIE, DIE WAISE

Vor vielen Jahren zog ich von Hand eine Katze auf, die ich liebevoll Annie, die Waise nannte. Viel von Katzenaufzucht verstand ich zu dieser Zeit noch nicht, doch gelang sie mir trotzdem – wohl weil ich besondere Sorgfalt auf das Füttern und das Toilettentraining verwendete. Und natürlich weil mir Annie unglaublich ans Herz gewachsen war. Wie wichtig frühe Erfahrungen für Katzen sind, wusste ich damals auch noch nicht; Annie jedenfalls begleitete mich jeden Morgen zur Arbeit in der Tierarztpraxis und war deshalb an die Geräusche und Gerüche dort sowie an das Autofahren gewöhnt. Als Erwachsene war sie sowohl beim Tierarzt als auch im Auto deshalb immer sehr gelassen, obwohl diese beiden Situationen für Katzen erfahrungsgemäß am stressigsten sind.

Gegenüber In der sogenannten sensiblen Phase, d. h. im Alter zwischen zwei und sieben Wochen, sind die Jungen besonders neugierig und aufnahmefähig.

Dies sollten Sie beim Kauf einer Rassekatze beachten:

- *Holen Sie beim Tierarzt, bei Katzenzüchterverbänden oder im Internet Informationen über die infrage kommende Rasse ein.*

- *Stellen Sie dem Züchter schon telefonisch einige Fragen − dann erübrigt sich der Besuch vielleicht.*

- *Stellen Sie sicher, dass die Jungen gut sozialisiert wurden (siehe*

S. 63−65), d. h. dass sie an Menschen und die Geräusche und Gerüche einer häuslichen Umgebung gewöhnt sind.

- *Wählen Sie ein Junges aus, das sowohl mit seinen Geschwistern als auch mit Menschen zurechtkommt.*

- *Die Augen sollten nicht getrübt, das Fell sollte glänzend sein.*

Gegenüber Siamkatzen sind gesellig und verspielt und mögen es gar nicht, allein gelassen zu werden. Sie knüpfen gern Bande mit anderen Katzen und machen sich oft stimmlich bemerkbar.

pflichtung und eine Beziehung ein, die mehr als 20 Jahre dauern kann. Stimmt diese von Anfang an nicht, werden weder Katze noch Besitzer glücklich.

Die Wahl der Rasse

Welche Katzenrasse passt am besten zu Ihrer Persönlichkeit? Die unten aufgeführten Rassen sind derzeit am weitesten verbreitet; die Hinweise sollen Ihnen eine grobe Orientierung geben.

British/American Shorthair

Die sanfte und wenig anspruchsvolle Katze genießt die Gesellschaft des Menschen, wenngleich sie lieber neben ihm als auf seinem Schoß liegt.

Birma-Katze

Auch diese Rasse ist sanft und eher ruhig; die Katze eignet sich gut als Haustier, da sie sich gern in der Nähe von Menschen aufhält.

Siamkatze

Katzen dieser Rasse sind intelligent und sensibel und machen sich oft stimmlich bemerkbar. Siamkatzen sind sehr verspielt und werden oft mit Hunden verglichen, da sie es gar nicht mögen, allein gelassen zu werden. Sie knüpfen gern Bande mit anderen Katzen, vornehmlich ebenfalls Siamkatzen. Und sie »reden« gern!

Perserkatze

Auch diese Katze ist sanft und freundlich, gehört jedoch zu den Diven der Katzenwelt, da die Fellpflege sehr aufwendig ist. Die langen Haare müssen täglich gebürstet werden, damit sie in Form bleiben.

Burma-Katze

Auch diese Katzen werden oft mit Hunden verglichen, da sie kontaktfreudig und energiegeladen sind. Sie sind lautstark und lieben die Aufmerksamkeit des Menschen, haben aber viel Unsinn im Kopf, wenn sie sich langweilen oder lange allein gelassen werden. Wie Bengalkatzen zeigen auch sie ein ausgeprägtes Revierverhalten.

Ragdoll

Die freundliche Katze ist mit menschlicher Gesellschaft zufrieden und fordert nicht allzu viel Aufmerksamkeit. Ihr Fell muss täglich gebürstet werden, verknotet aber nicht so schnell wie das der Perserkatze.

Maine Coon

Die »sanften Riesen« sind sehr anhänglich und entspannt, aber auch kontaktfreudig und gesellig. Die Stimme kann mit ihrer Körpergröße allerdings nicht mithalten: Die meisten Tiere dieser Rasse bringen eher zirpende Geräusche hervor.

Norwegische Waldkatze

Diese Katze ist etwas kleiner als die Maine Coon, aber ebenso entspannt, zutraulich und gesellig. Sie liebt jedoch auch das Leben in freier Wildbahn.

Orientalisch Kurzhaar

Diese Katze ähnelt im Temperament der Siamkatze: Sie ist loyal, anhänglich und will unterhalten werden!

Bengalkatze

Diese Rasse ging aus einer Kreuzung zwischen der Asiatischen Leopardkatze und der Hauskatze hervor. Die ersten Generationen – F1, F2 und F3 – waren sehr scheu; später wurden die Wasser liebenden (!) Katzen immer verspielter. Die ausgesprochen muskulösen Tiere zeigen ein ausgeprägtes Revierverhalten.

Das Leben der jungen Katze

Junge Katzen entwickeln sich sehr rasch, sowohl physisch als auch emotional; nur in den ersten beiden Wochen ihres Lebens hängen sie vollständig von der Mutter ab.

Wenn sie auf die Welt kommen, können Katzen weder sehen noch hören und müssen sich deshalb ganz auf Berührung, Geruch und Wärmesinn verlassen, um

WISSENSWERTES

- *Siamkatzen werden weiß geboren und entwickeln etwa im Alter von vier Wochen die ersten dunkleren Stellen im Fell.*

- *Auch neugeborene Katzen verfügen über Schmerzempfinden.*

- *Normalerweise schlägt das Herz eines jungen Kätzchens mehr als 200 Mal pro Minute.*

- *Katzenbabys saugen sowohl an den Zitzen eines Milch produzierenden Tiers als auch an denen eines nicht Milch produzierenden. Sie brauchen also keine Milch als »Belohnung«, damit der Saugreflex ausgelöst wird.*

die Zitzen der Mutter zu finden. Die Ausscheidung wird angeregt, indem die Mutter den Anus der Jungen leckt. In diesem Alter sind die Kleinen noch recht immobil; kürzere Strecken legen sie mithilfe paddelartiger Bewegungen zurück. In den ersten beiden Lebenswochen öffnen sich allmählich die Augen, und die Zähne beginnen zu wachsen.

Im Laufe der dritten und vierten Woche führt der Sehsinn – nicht mehr nur Wärme und Geruch – die Jungen zur Mutter. In dieser Zeit entwickelt sich auch der erste rudimentäre Gang, ab der vierten Woche entfernen sich die Jungen auch schon einmal kurz vom Nest. Dann verfügen sie auch über die katzentypische und einzigartige Fähigkeit, sich in der Luft zu drehen und immer auf allen vieren zu landen. Zu diesem Zeitpunkt beginnt normalerweise der Entwöhnungsprozess von der Muttermilch zu fester Nahrung.

Ab der fünften Woche sprinten die Kleinen schon kurze Strecken, ab der sechsten Woche können sie alle Bewegungen der erwachsenen Katze ausführen. Sie versuchen immer noch, sich an der Mutter satt zu trinken, was diese jedoch verstärkt ablehnt. Nun findet die Ausscheidung willkürlich statt, und die Jungen können an die Katzentoilette gewöhnt werden – etwa durch das Beobachten der Mutter.

Im Alter von sieben Wochen zeigen die Jungen erwachsene Reaktionen auf bedrohliche Reize: Sie fliehen, erstarren oder werden aggressiv. Der Entwöhnungsprozess ist nun fast vollständig abgeschlossen.

Der Entwöhnungsprozess von der Muttermilch und die Umstellung auf feste Nahrung beginnt, wenn die Jungen etwa vier Wochen alt sind.

Komplexe motorische Fähigkeiten wie das Laufen und Umdrehen auf einem schmalen Zaun erfordern etwas mehr Zeit und haben sich erst in der zehnten bis elften Lebenswoche vollständig entwickelt. Die Sehfähigkeit ist mit zwölf bis 16 Wochen voll ausgebildet.

Die jugendliche Katze

Als jugendlich gilt Ihre Katze im Alter zwischen sieben Monaten und zwei Jahren. Gegen Ende dieser Lebensphase kommt sie gewissermaßen in die Flegeljahre und fordert oft andere Katzen heraus.

Die Geschlechtsreife erfolgt in der Regel ab dem sechsten Lebensmonat – manchmal sogar früher –, doch wird empfohlen, Katzen (und Kater!) zwischen dem vierten und dem sechsten Monat sterilisieren zu lassen, um unerwünschten Nachwuchs zu vermeiden. Manche Tierarztpraxen führen Sterilisierungen an noch jüngeren Kätzchen durch. Die Ergebnisse, so berichten sie, seien exzellent; die Tiere entwickelten sich prächtig, zu Komplikationen sei es nicht gekommen.

In der jugendlichen Phase zeichnen sich Katzen normalerweise durch ein für die Jugend typisches Draufgängertum aus, was sich oft durch Bisse von anderen Katzen bemerkbar macht. Die Infektionsrate durch solche Bisse ist in dieser Zeit sehr hoch, ebenso wie Verletzungen durch Autos. In

Großbritannien gibt es Statistiken für die Jahre 2005/2006, denen zufolge auf den Straßen der Nation alle zweieinhalb Minuten eine Katze überfahren wird – und die Hälfte dieser Katzen sind zwischen sieben Monate und zwei Jahre alt. Die US-amerikanischen Animal People Online News berichten, dass in den USA jedes Jahr 5,4 Millionen Katzen von Autos getötet werden.

Alterungsrate bei Katzen

Die Alterungsrate bei Katzen unterscheidet sich von der bei Menschen, kann jedoch entsprechend hochgerechnet werden (siehe S. 72). Als Faustre-

Als jugendlich gelten Katzen im Alter zwischen sieben Monaten und zwei Jahren. Verhaltenstypisch in dieser Zeit ist eine Mischung aus Draufgängertum und Verletzlichkeit.

So berechnen Sie das Alter Ihrer Katze

Katzenalter	Entspricht Menschenjahren	Katzenalter	Entspricht Menschenjahren
1	15	13	68
2	24	14	72
3	28	15	76
4	32	16	80
5	36	17	84
6	40	18	88
7	44	19	92
8	48	20	96
9	52	21	100
10	56	22	104
11	60	23	108
12	64	24	112

gel gilt: Ein Katzenjahr entspricht vier Menschenjahren, wobei die ersten beiden Katzenjahre etwas anders verlaufen. Der erste Monat entspricht dem ersten Säuglingsjahr; ist das Kätzchen drei Monate alt, entspricht dies ungefähr einem vierjährigen Kleinkind. Eine sechs Monate alte Katze entspricht einem zehnjährigen Kind, eine einjährige Katze einem 15-jährigen Jugendlichen.

Allmähliches Erwachsenwerden

Der wahre Charakter Ihrer Katze zeigt sich, wenn sie die soziale Reife erlangt hat; dann macht sie ihre Revieransprüche geltend und definiert sich auch über ihre Beziehung zu anderen Katzen.

Dies geschieht im Allgemeinen im Alter von 18 Monaten bis vier Jahren, durchschnittlich im Alter von zwei Jahren. Die Katze ist dann ausgewachsen – außer der Maine Coon, sie kann weiter wachsen, bis sie vier ist – und weist eine individuelle Persönlichkeit auf.

In dieser Zeit verändert sich auch die Sicht Ihrer Katze auf die Welt. Es kann zu ernsthafteren Streitereien mit anderen Katzen kommen, vielleicht hat Ihre Katze auch das Bedürfnis, ihr Revier gegen Eindringlinge zu verteidigen. Die Beziehungen zu anderen Katzen, die im gleichen Haushalt

leben, verändern sich möglicherweise; man betrachtet sich nun als Rivalen, nicht mehr als Spielkameraden. Diese Veränderung findet schleichend statt, oft wird sie vom Besitzer gar nicht wahrgenommen. Katzen, die in einem Körbchen schliefen und einander putzten, suchen nun getrennte Ecken des Hauses auf und spielen nicht mehr miteinander. Die Kämpfe werden aggressiver, keines der beiden Tiere will nachgeben. Die meisten Katzen in einem Mehr-Katzen-Haushalt werden sich darauf einigen, dass sie sich nicht einigen können, und sich eigene Bereiche schaffen, in denen sie sich sicher fühlen und die sie nicht gegen andere verteidigen müssen. Sie teilen das Haus unter sich auf und leben als separate Individuen in einander überlappenden Revieren.

Gelegentlich – vor allem bei sensiblen Rassen wie der Siamkatze – bestehen enge Bindungen zu Geschwistern oder auch nicht verwandten Katzen bis ins Erwachsenenalter hinein und verändern sich das ganze Kat-

Sobald Katzen, die gemeinsam in einem Haushalt leben, ihre soziale Reife erlangen, kann es vorkommen, dass sie nicht mehr miteinander spielen, sondern stattdessen versuchen, ihr jeweiliges Revier abzustecken.

zenleben hindurch nicht. Diese Beziehungen sind dann meist sehr intensiv; oft leidet eine der Katzen richtiggehend, wenn die andere über einen längeren Zeitraum abwesend ist.

In den besten Jahren

In den besten – und meist auch gesündesten – Jahren sind zwei- bis sechsjährige Katzen. Dann allerdings kommt es auch am häufigsten zu Verhaltensproblemen.

Das ist sicherlich kein Zufall, ist der Übergang von der Jugend zum Erwachsenenalter doch immer problembehaftet. So kann es vorkommen, dass Ihre Katze aus irgendeinem Grund unfähig ist, Konflikte mit anderen Katzen – entweder im Revier oder im Haus – zu lösen. Sie wird dann ein Verhalten entwickeln, das für Sie inakzeptabel ist, etwa das Beschmutzen der Wohnung. Stresssituationen können bei der Katze aber auch zu gesundheitlichen Problemen führen.

Wie die Katze mit solchen Situationen umgeht, hängt ganz von ihrer Persönlichkeit und ihren Erfahrungen ab. Oft verläuft der Übergang auch reibungslos, und Ihre Katze wird Ihnen einfach irgendwie ruhiger und erwachsener vorkommen. Zu dieser Zeit hat sich die Beziehung zwischen Besitzer und Katze so gut eingespielt, dass beide auf eine bestimmte Art und Weise miteinander kommunizieren. Sie wissen, was Ihre Katze mag und wie sie sagt, was sie mag. Die Erziehung ist nun weitgehend abgeschlossen – wobei es allerdings sehr fraglich ist, wer wen erzogen hat. Jedenfalls sitzt Ihre Katze gewissermaßen fest im Sattel.

WISSENSWERTES

• *Maine Coons und andere große Katzenrassen wachsen bis zu einem Alter von drei bis vier Jahren.*

• *Sterilisierte Katzen brauchen bis zu 40 Prozent weniger Kalorien als nicht sterilisierte, um ihr Körpergewicht konstant zu halten.*

Gegenüber Die besten Jahre – zwischen zwei und sechs – sind meist auch die gesündesten – allerdings häufig auch die problematischsten im Verhalten.

Spätestens jetzt wissen Sie ganz genau, was Ihre Katze will – und sie weiß, wie sie es bekommt.

Gegenüber Reifere
Katzen sind deutlich
weniger verspielt als
jüngere; dennoch
bleibt den meisten
Katzen das Spielen
als Zeitvertreib ein
Leben lang erhalten.

Bei Rassekatzen kann es in dieser Zeit auch zu gesundheitlichen Problemen kommen. Da die Zucht auf bestimmte Merkmale hin in einem unverhältnismäßig kleinen Genpool stattfindet, sind Rassekatzen anfälliger für Erbkrankheiten wie Herz- oder Nierenerkrankungen.

Spätestens im sechsten Lebensjahr sind die meisten Katzen ausgewachsen und wurden vernünftigerweise von ihren Besitzern sterilisiert. Beide Tatsachen beeinflussen den Energiebedarf Ihrer Katze enorm. Nimmt sie weiterhin so viele Kalorien auf wie bisher, geht dafür aber zu einem sesshafteren Lebensstil über, ist eine Gewichtszunahme unvermeidlich.

Midlife-Crisis

Es lohnt sich, Ihre Katze im Alter zwischen sechs und acht Jahren besonders im Auge zu behalten, um zukünftigen Problemen vorzubeugen. Zieht es Ihre Katze beispielsweise vor, öfter zu Hause zu bleiben, kann es sein, dass sie Schwierigkeiten hat, sich draußen zu behaupten. Bei Ihnen fühlt sich Ihre Katze normalerweise absolut sicher; wenn sie also nur in Ihrer Begleitung nach draußen geht, können Durchsetzungsprobleme dahinterstecken. Kommt dann auch noch eine gewisse Spielunlust hinzu, sollten bei Ihnen die Alarmglocken läuten.

Dass eine ältere Katze weniger spielt als eine jüngere, ist normal; hört sie allerdings ganz damit auf, ist dies ein schlechtes Zeichen. Das Spielen ist zeit ihres Lebens ein angenehmer Zeitvertreib; lässt es nach, liegt dies meist daran, dass Sie die Katze zu wenig dazu ermuntern. Ist das nicht der Fall, leidet Ihre Katze möglicherweise unter Rivalitäten mit anderen Katzen. Fühlt sich eine Katze bedroht oder eingeschüchtert, hört sie als Erstes mit dem Spielen auf – denn beim Spielen ist es unmöglich, potenzielle Angreifer im Auge zu behalten. Leider kann sich der Feind auch im Haus befinden, vielleicht in Form einer anderen Katze, die ein bestimmtes Spielzeug für sich allein beansprucht. Vielleicht ist aber auch eine andere Katze draußen das Problem, eine, die sich nicht an Reviergrenzen hält. Bei Katzen, die sich extrem unter Druck gesetzt fühlen, kann es gelegentlich vorkommen, dass sie gar nicht mehr nach draußen gehen und die Sicherheit des Hauses einem möglichen Angriff vorziehen.

Lebt Ihre Katze ausschließlich drinnen oder geht nur sehr selten nach draußen, ist dieses mittlere Lebensalter nun der richtige Zeitpunkt, um Ihre Katze ausgiebiger zu beschäftigen. Mit welchen Spielen Sie das tun können, erfahren Sie auf den Seiten 116 und 117.

Die reife Katze

Mit zunehmendem Alter wird es immer schwieriger, das genaue Alter der Katze zu bestimmen; meist kann man eine reife Katze nicht von einer erwachsenen unterscheiden.

Wenn Ihre Katze es vorzieht, zu Hause zu bleiben, hat das draußen möglicherweise mit Revierstreitigkeiten – vielleicht mit der Nachbarskatze – zu tun.

Als reif gilt eine Katze, wenn sie zwischen sieben und zehn Jahre alt ist. Wie Ihre Katze aussieht und wie ihr Körper auf das Älterwerden reagiert, hängt von den Genen, dem Lebensstil, der Ernährung und dem allgemeinen Gesundheitszustand ab. Zu diesem Zeitpunkt können sich altersbedingte Erkrankungen zeigen.

Die Beziehung zwischen Katze und Besitzer hat sich nun absolut gefestigt, häufig äußert das Tier seine Bedürfnisse Ihnen gegenüber nun auch stimmlich. Da Katzen zur sozialen Kommunikation von Natur aus wenig Laute brauchen (siehe S. 52), sind die Miau-Variationen nun ausschließlich Ihnen vorbehalten – *Sie* sollen darauf reagieren.

Vielleicht hat Ihre Katze bis jetzt mehrere Umzüge hinter sich bringen oder mit einer neuen Katze im Haushalt zurechtkommen müssen. Meist wurden die Tiere in einem Mehr-Katzen-Haushalt nacheinander angeschafft statt gemeinsam aufgezogen; dann haben reifere Katzen im Alter von zehn Jahren diese Erfahrung schon häufiger gemacht.

Normalerweise legen reifere Katzen eine größere Gelassenheit an den Tag und gehen Konfrontationen eher aus dem Weg; manchmal entwickeln sie sich zu regelrechten Couch-Potatoes. Dies führt wie beim Menschen auch zu einer allmählichen Gewichtszunahme; begegnet man dieser nicht rechtzeitig, kann die ältere Katze schließlich sogar mit einer gesundheitsschädlichen Fettleibigkeit kämpfen (siehe S. 173–176). Das Gewicht allein ist dabei nicht ausschlaggebend; da Katzen einen ganz unterschiedlichen Körperbau haben können, variiert das Idealgewicht entsprechend. Deshalb hat man eine Art Bodymass-Index für Katzen geschaffen: Von oben gesehen sollte Ihre Katze eine schlanke Taille haben, und die Rippen sollten leicht tastbar, aber nicht deutlich sichtbar sein.

Die alternde Katze

Ab dem elften Lebensjahr kann Ihre Katze den Senioren zugerechnet werden, ab dem 15. Lebensjahr könnte man sie als betagt oder gar greis bezeichnen.

In diesen beiden späten Lebensphasen finden allgemeine körperliche Veränderungen statt, die zum Alterungsprozess dazugehören. Das Fell Ihrer Katze verliert allmählich an Glanz, die Haut ist weniger elastisch, die Fellfarbe verblasst von Tiefschwarz vielleicht zu einem Braun, oder es werden hier und da weiße Haare sichtbar. Die Katze hört und sieht nun schlechter, sie verspürt vielleicht das Bedürfnis, sich öfter zurückzuziehen. Sie frisst auch weniger, da Geruchs- und Geschmackssinn ebenfalls nachlassen. Katzen nehmen von Natur aus schon wenig Flüssigkeit zu sich, doch dies verstärkt sich im Alter noch; Dehydrierung und eine unangenehme chronische Verstopfung können die Folge sein. Die Katze schläft nun mehr, Muskeln und Knochen werden schwächer, das Immunsystem arbeitet weniger effektiv, Krankheiten treten häufiger auf. Manche Katzen zeigen im Alter sogar Verwirrtheit und andere Anzeichen von Senilität.

Auch bei Katzen gibt es eine Reihe von altersbedingten Erkrankungen. Am weitesten verbreitet ist die Schilddrüsenüberfunktion, meist hervorgerufen durch einen Tumor in der Schilddrüse, der sich auf den Stoffwechsel auswirkt und zu Gewichtsabnahme bei gleichzeitig erhöhtem Appetit führt. Bluthochdruck ist eben-

SKLAVENHALTER

Carol und ich waren gerade ins Gespräch vertieft, als ihre ältliche Katze China in den Raum spaziert kam und einen leisen fiepsenden Laut von sich gab. Sofort stand Carol auf, ging in die Küche, goss etwas Milch in ein Schälchen und stellte es China hin. Wir nahmen unser Gespräch wieder auf, bis China sich wieder ihrer Besitzerin näherte und ein tieferes, anhaltenderes Geräusch von sich gab. Carol nahm eine Bürste und strich China damit geistesabwesend über das leicht unordentliche Fell. Als China kurz darauf ein weiteres Geräusch machte, fragte ich Carol, ob ich zu Recht annähme, dass jeder Laut für eine bestimmte Bitte stehe. In der Tat: Im Laufe ihrer 15 Jahre langen, glücklichen Beziehung entwickelte China rund zwölf verschiedene Laute, die beispielsweise für »Bitte Tür öffnen«, »Trag mich«, »Spiel mit mir« oder ähnliche Bedürfnisse standen. Klug – aber keine Seltenheit, wie jeder langjährige Katzenbesitzer weiß.

falls nicht ungewöhnlich und kann mit Erkrankungen wie der Schilddrüsenüberfunktion und Nierenversagen in Zusammenhang gebracht werden. Letzteres kommt als chronische degenerative Erkrankung bei Katzen aufgrund ihrer eiweißreichen Kost häufiger vor. Zu den Symptomen gehören vermehrter Durst, eine vermehrte Urinausscheidung – da der Urin nicht mehr konzentriert werden kann – und ein Gewichtsverlust. Gewichtsverlust und vermehrter Durst können auch ein Anzeichen von Diabetes sein; nicht wenige ältere Katzen sind davon betroffen, insbesondere übergewichtige. Zahnerkrankungen kommen bei rund 30 Prozent aller Hauskatzen vor, besonders häufig natürlich bei älteren Tieren. Im Laufe des Lebens bildet sich Plaque an den Zähnen, die zu Zahnfleischerkrankungen wie Entzündungen und schließlich zu Zahnausfall führt.

Zudem können ältere Katzen durch Arthrose in ihrer Beweglichkeit eingeschränkt sein. Vielleicht springen sie nicht mehr auf Stühle, putzen sich weniger effektiv oder zeigen morgens Anzeichen einer Gelenksteife. Auch Krebs tritt bei älteren Tieren häufiger auf und kann verschiedene Körperteile befallen.

Wenn Sie Ihrem betagten Haustier helfen wollen, sollten Sie es täglich bürsten und Gesicht sowie den Bereich des Anus säubern. Bürsten Sie sanft – die Muskeln Ihrer Katze sind nun schwächer, die Knochen treten stärker hervor. Durch die Muskelschwäche kann sie ihre Krallen auch nicht mehr ganz einziehen. Schneiden Sie die Krallen regelmäßig.

Das Verhalten ändert sich

Alle körperlichen Veränderungen, die mit zunehmendem Alter unweigerlich eintreten, wirken sich auch auf die Routine und das allgemeine Verhalten Ihrer Katze aus. Sie wird nicht mehr so oft nach draußen gehen und

Gegenüber Auch Katzen können senil werden und Anzeichen von Verwirrung oder Desorientierung zeigen. Bürsten Sie Ihre Katze sanft und regelmäßig, wenn ihr das Putzen allmählich schwerer fällt.

ALTERSBEDINGTE ERKRANKUNGEN UND IHRE SYMPTOME

Erkrankung	Symptome
Schilddrüsenüberfunktion	Gewichtsverlust, gesteigerter Appetit
Nierenerkrankung	Vermehrter Durst, vermehrte Urinausscheidung, Gewichtsabnahme
Diabetes	Gewichtsverlust, vermehrter Durst
Zahnerkrankungen	Entzündungen, Zahnfleischrückgang, Zahnausfall, mangelnder Appetit
Arthrose	Eingeschränkte Beweglichkeit, ineffektives Putzen, Gelenksteife
Krebs	Verschiedene

Ältere Katzen
schlafen mehr,
manchmal mehr als
18 Stunden am Tag.

weniger jagen; dafür wird sie deutlich mehr schlafen, manchmal mehr als 18 Stunden am Tag. Sie spielt und putzt sich weniger und vergisst vielleicht sogar, zur Verrichtung ihres Geschäfts auf die Katzentoilette zu gehen.

Das hört sich jetzt vielleicht alles schlimmer an, als es ist. In den langen Jahren Ihrer Beziehung hat sich zwischen Ihnen und Ihrer Katze ein Vertrauensverhältnis entwickelt, das ein tiefes gegenseitiges Verständnis ermöglicht. Ihre ältere Katze »spricht« öfter mit Ihnen, da sie gelernt hat, ihre Bedürfnisse Ihnen gegenüber auch stimmlich zu äußern. Umgekehrt haben Sie gelernt, jede noch so subtile Klangnuance zu interpretieren, und wissen, was von Ihnen verlangt wird. Ältere Katzen wenden sich auch öfter aus reiner Zuneigung an den Menschen; waren sie früher eher unnahbar, sind sie in fortgeschrittenem Alter zugänglicher und liebebedürftiger.

Für ältere Katzen sorgen

Natürlich ist das Altern an sich keine Krankheit, doch braucht Ihre Katze im Alter mehr Aufmerksamkeit und Pflege, die ihr das Leben so angenehm wie möglich machen. Für Katzensenioren sind regelmäßige Gesundheitschecks ein Muss; möglicherweise empfiehlt Ihnen der Tierarzt sogar, alle sechs Monate mit Ihrer Katze vorbeizukommen – wenn das für sie kein allzu großer Aufwand ist.

Mit zunehmendem Alter können Katzen ihre Körpertemperatur immer weniger regulieren. Deshalb lieben sie warme und zugfreie Plätze, die sie leicht erreichen können. Der Schlafplatz sollte auch möglichst gut gepolstert sein, damit sich die Katze an den nun immer mehr hervortretenden Knochen nicht wund liegt. Er sollte so groß sein, dass sich die Katze nicht zusammenrollen muss, sollte ihr das Gelenkschmerzen bereiten.

Ältere Katzen sind zwar nicht mehr so agil wie früher, doch hilft regelmäßige Bewegung dabei, die Muskelmasse zu erhalten und den Kreislauf anzuregen. Spielen Sie weiterhin jeden Tag ein bisschen mit Ihrer Katze, wenn auch nicht mehr so intensiv. Sollten Sie eine Katzenklappe haben, ist es für das Tier vielleicht zu beschwerlich, hindurchzuklettern, was es davon abhalten könnte, frische Luft zu schnappen. Gehen Sie ein wenig mit Ihrer Katze im Garten spazieren, dann bekommt sie ausreichend Bewegung und fühlt sich an Ihrer Seite sicher. Liegt der Lieblingsplatz Ihrer Katze im Haus sehr hoch, können Sie es ihr einfacher machen, indem Sie Stufen – z. B. aus Schachteln o. Ä. – schaffen.

Mangelndem Appetit begegnen Sie, indem Sie das Futter auf Zimmertemperatur anwärmen; dann riecht es intensiver und regt so den Appetit der Katze an. Zeigt Ihre Katze Symptome von Senilität (siehe nebenstehenden Kasten), können Sie ihre kognitiven Funktionen durch Jagd- und Futtersuchspiele stimulieren. Das kann enorm dazu beitragen, die Lebensqualität der alternden Katze zu verbessern.

In der Gruppe

Haushalte mit mehreren Katzen werden immer beliebter, und der Trend geht zu mehr als nur zwei Tieren. Es ist heute keine Seltenheit mehr, dass bis zu sechs Katzen in einem Haus leben.

Katzenbesitzer machen immer wieder eine Hierarchie in der Gruppe aus und glauben, das »Alphatier«

SENILITÄTSSYMPTOME

Dazu gehören:

- *Veränderungen im Schlaf-wach-Rhythmus*

- *Vermehrter Einsatz der Stimme*

- *Appetitlosigkeit, weniger putzen*

- *Desorientierung oder Verwirrtheit*

- *Nachlassende Sauberkeit*

- *In die Ecke starren, wiederholtes Auf-und-ab-Laufen*

FREUNDSCHAFTEN

Wenn sich Katzen gut verstehen, kann man das an mehreren An-zeichen erkennen. Wenn Sie das folgende Verhalten beobachten, ist das auf jeden Fall ein gutes Zeichen.

- *Zirpende Laute bei der Begrüßung*

- *In einem Körbchen schlafen*

- *Gegenseitiges Putzen*

- *Aneinander reiben, um den Geruch des anderen aufzunehmen*

- *Freundliche Begrüßung nach längerer Abwesenheit*

- *Gemeinsames Spielen*

- *Beide auf Ihrem Schoß!*

Gegenüber Es gibt keine Garantie, dass die Mitglieder eines Mehr-Katzen-Haushalts automatisch eine soziale Bindung miteinander eingehen. Wenn doch, wird die Gruppe durch kooperatives Verhalten, nicht durch eine Rangfolge zusammengehalten.

leicht identifizieren zu können. Diese Annahme ist allerdings falsch – die Sache ist viel komplexer. In Wirklichkeit entstehen und erhalten sich solche sozialen Gruppen durch kooperatives Verhalten sowie durch das Schaffen eines gemeinsamen Geruchs, der die Mitglieder der Gruppe aneinander bindet (siehe S. 39f.). Das gilt allerdings nur für den Fall, dass die Umgebung so viele Ressourcen zur Verfügung stellt, dass alle Gruppenmitglieder gut davon leben können. In einem Mehr-Katzen-Haushalt gibt es keine Garantie, dass sich die sozial reifen Tiere automatisch zu einer tragfähigen Gruppe zusammenschließen. Es können sich einzelne Fraktionen bilden, die aus einem, zwei oder mehr Tieren bestehen und einander als potenzielle Gegner betrachten. Mithilfe von Duftmarken und Körpersprache signalisieren sie dann den anderen Gruppen, besser Abstand zu halten.

Es gibt jedoch einige Regeln, die auf fast alle Mehr-Katzen-Haushalte zutreffen:

- Von Natur aus scheue oder ängstliche Katzen werden sich selbstbewussteren in Konkurrenzsituationen immer unterordnen.
- Das Ergebnis einer feindseligen Begegnung zwischen zwei gleichrangigen Katzen kann das Machtverhältnis zukünftiger Begegnungen erheblich verändern.
- Ein Ziel bei der Züchtung ist die Toleranz der Tiere untereinander. Deshalb sind nicht alle Katzen gleichermaßen reviersensibel.
- Auch zwischen Katzen aus einer Familie kann es zu Streitigkeiten kommen, wenn die Tiere die soziale Reife erlangt haben.
- Katzen können wahre Tyrannen sein: Wenn sich ein Mitglied eines Mehr-Katzen-Haushalts wie ein Opfer verhält, wird es auch als solches behandelt.
- Unter bestimmten Umständen ist aggressives Verhalten wie Fauchen o. Ä. unvermeidlich; das ist für mehrere nah beieinander lebende Tiere völlig normal.
- Der direkte, anhaltende Augenkontakt wird als Provokation empfunden und nur von sehr selbstbewussten Katzen eingesetzt.
- Fauchen ist eine Verteidigungsstrategie, um Kämpfe zu vermeiden.

Die richtige Mischung

Mehr-Katzen-Haushalte funktionieren am besten, wenn die Mitglieder der Gruppe optimal aufeinander abgestimmt sind und genügend Ressourcen für alle zur Verfügung stehen. Einige Katzen sind sozial kompetenter als andere,

doch leider kann man das nicht erkennen, wenn die Katzen noch sehr jung sind. Ein männliches und ein weibliches Tier aus dem gleichen Wurf scheint die vernünftigste Option zu sein, vorausgesetzt, sie haben schon als Jungtiere oft miteinander gespielt und kommen gut miteinander aus. Ungeeignet ist die Kombination eines extrem selbstbewussten Kätzchens mit einem sehr schüchternen und ängstlichen – das führt unweigerlich zu Problemen.

Problematisch kann es auch sein, wenn sich der Katzenbesitzer entschließt, Junge aus dem Wurf seiner Katze zu behalten. Während der Schwangerschaft produziert die Mutter Hormone, die sie darauf »programmieren«, für ihre Jungen zu sorgen, damit diese eine möglichst große Überlebenschance haben. Sind die Jungen entwöhnt und wird das entsprechende Hormon nicht mehr ausgeschüttet, kann sich die Beziehung rasch anders entwickeln. Es ist nicht anzuraten, männliche Jungtiere bei der Gruppe zu halten; da die Weibchen potenzielle Rivalinnen im Kampf um die Gunst des Männchens sind, kann es zu Spannungen kommen, wenn die Kätzchen fünf oder sechs Monate alt sind.

Darüber hinaus werden auch oft Fehler gemacht, wenn man in eine harmonische und stabile soziale Gruppe neue Katzen einführt. Die meisten dieser Gruppen werden sich entschieden gegen solche Fremdlinge wehren, insbesondere wenn das neue Tier bereits erwachsen ist. Die auftretenden Spannungen können sogar dazu führen, dass die einst funktionierende Gruppe ihren Zusammenhalt einbüßt. Es gibt aber auch ganz besonders gutmütige Katzen, die sich hervorragend für das Zusammenleben eignen, sich wunderbar in die Gruppe integrieren und den Gruppengeruch im Handumdrehen annehmen.

Der Feind da draußen

Es ist nicht einfach, Unstimmigkeiten wahrzunehmen, die nicht im Haus auftreten, doch können auch diese über das Wohl und Weh eines Mehr-Katzen-Haushalts entscheiden.

Ist eine der Katzen beispielsweise der konstanten Bedrohung durch einen Reviereindringling ausgesetzt, wird diese in dauernder Alarmbereitschaft sein, was sich natürlich auch auf ihre Stimmung, ihr Verhalten und der Haltung den anderen Tieren in der Gruppe gegenüber auswirkt. Unter anderen Umständen würde dieselbe Gruppe vielleicht gut funktionieren.

Selbst Katzen, die überwiegend im Haus leben, sind diesen Gefahren ausgesetzt, können sie fremde Katzen draußen doch durch Fenster oder Glaseinsätze in Haustüren sehen. Das Glas bietet den Tieren keinerlei Sicherheitsgefühl; sehen sie den Fremden also im eigenen Revier, wird automatisch Adrenalin ausgeschüttet, um Kampf oder Flucht vorzubereiten. Dann kann es auch vorkommen, dass sich die Aggression gegen Mitglieder im eigenen Haushalt richtet, da das Hormon anders nicht abgebaut werden kann (siehe S. 136).

Menschen, die mehrere Katzen besitzen, sind meist ausgesprochene Katzenliebhaber – was sie auch ausstrahlen. Streunende Katzen fühlen sich von ihnen angezogen wie Motten vom Licht. Das hat zwei Ursachen: Zum einen wissen die Nachbarn sicherlich, dass hier ein Katzenliebhaber wohnt, und informieren diesen als Ersten, wenn sie irgendwo eine streunende Katze sichten. Zum anderen kriegen auch die Katzen schnell mit, dass es hier reichlich Futter, Schutz und Streicheleinheiten gibt. Deshalb wird ein hungriger Streuner alles daran setzen, um sich Zugang zur gut versorgten Gruppe zu verschaffen. Auch vor List schrecken sie dabei nicht zurück: Die Katze wird sich Ihnen vorsichtig nähern und sich ausgesprochen sanft und passiv geben. Auch den anderen Katzen gegenüber verhält sie sich vorbildlich – allerdings nicht so unterwürfig, dass sie gleich vertrieben werden würde. Doch kommt es nicht selten vor, dass sich das Verhalten radikal ändert, wenn Sie sich dazu entschlossen haben, das Tier in die Gruppe aufzunehmen. Es wird den gemütlichen Ort dann vielleicht für sich allein beanspruchen. Überlegen Sie sich das gut!

IM GOLDFISCHGLAS

Für den armen Gyro, ein Siamkater, war es mehr als verwirrend, als sein Besitzer plötzlich die Rückwand der Küche einreißen ließ und sie durch eine große Glasscheibe ersetzte. Gyro reagierte darauf, indem er bei jeder Gelegenheit eine stechende Duftmarke an der Scheibe hinterließ. Katzen mögen es gar nicht, wenn sie der gefahrvollen Welt da draußen dermaßen schutzlos ausgeliefert sind. Tierverhaltensforscher sprechen vom »Goldfischglaseffekt«: Die Tiere fühlen sich so exponiert und schutzlos wie in einem Goldfischglas. Durch eine strategische Umstellung der Möbel und eine undurchsichtige Folienschicht im unteren Teil des Glases konnte Gyros Sicherheitsgefühl wiederhergestellt werden, und er verhielt sich bald wieder normal.

Teil 4

Der Schlüssel zum Glück

Ein katzenfreundliches Zuhause

Mit etwas Fantasie kann fast jedes Haus in ein katzenfreundliches Zuhause umgewandelt werden. Doch liegt der Schlüssel zum Glück auch darin, wie Sie mit Ihrer Katze umgehen.

Bislang haben wir uns angesehen, wie Katzen »funktionieren«; wir haben ihr Verhalten im Freien studiert, ihre Ursprünge als Haustier erkundet und ihre Lebensphasen verfolgt. Nun wollen wir uns der Katze bzw. den Katzen widmen, mit der oder denen Sie Ihr Haus teilen. Alle Katzenbesitzer wünschen sich, dass ihre Katze so glücklich wie möglich ist, wobei das Katzenglück zu einem großen Teil davon abhängt, wie wir uns ihnen gegenüber verhalten und welches Leben wir ihnen bieten. So zielt dieses Kapitel darauf ab, Ihnen das Wissen zu vermitteln, das Sie brauchen, damit Ihre Katze sich in ihrer Umgebung wohlfühlt. Es ist beispielsweise sehr wichtig, der Katze die richtige »Ausrüstung« und die richtige Einrichtung zur Verfügung zu stellen, vor allem dann, wenn Ihre Katze ausschließlich in der Wohnung lebt. Damit ihr Freiraum nicht unnötig eingeschränkt wird, ist es wichtig, dass Sie die Entscheidungen nicht allein treffen, sondern Ihrer Katze je nach persönlichen Vorlieben gewissermaßen ein Mitspracherecht einräumen.

Für die richtige Mischung an Futter, Schutz, Liebe und Unterhaltung zu sorgen, wird den Bedürfnissen Ihrer Katze gerecht – und macht sie glücklich.

Da Katzen ganz spezifische Bedürfnisse haben, reicht es nicht aus, ihnen nur Futter, Schutz und Liebe zu geben. Fast noch wichtiger ist es, in welcher Quantität und Qualität diese Elemente jeweils vorhanden sind. Praktische Überlegungen spielen natürlich auch eine Rolle. Wie viele Schlafplätze sollten vorhanden sein? Wo stellen Sie den Kratzbaum auf? Welche Spiele kommen infrage? Und natürlich: Wie viel Liebe braucht Ihre Katze? Die Entscheidungen, die Sie als Katzenbesitzer treffen, bestimmen über das Wohlergehen Ihres Haustiers. Die folgenden Tipps und Hinweise sollen Ihnen dabei helfen, die richtigen Entscheidungen zu treffen.

Ob Ihre Katze sich wohlfühlt, hängt von den Entscheidungen, die Sie treffen, ab. Treffen Sie diese nicht allein nach menschlichen Maßstäben, sondern versuchen Sie, sich auch in die Lage Ihrer Katze hineinzuversetzen.

Das angemessene Verhältnis

Moderne Beziehungen zwischen Mensch und Katze sind komplex. Natürlich sollten Sie so gut wie möglich für Ihren kleinen Mitbewohner sorgen – dabei aber eine gesunde Distanz einhalten.

Viele Menschen betrachten ihre Haustiere als Familienmitglieder und stellen diese in den Mittelpunkt ihrer Entscheidungen, wenn es um Fragen

• *Stören Sie Ihre Katze nicht, wenn sie schläft oder döst.*

• *Glückliche Katzen interessieren sich für ihre Umgebung; versuchen Sie also, ihr täglich etwas Neues zu bieten.*

• *In der Katzenwelt gilt: Weniger ist mehr. Übertreiben Sie es nicht mit den Streicheleinheiten.*

• *Ihre Katze ist kein Kind im Pelzanzug! Katzen sind eine andere Spezies und haben ihre spezifischen Funktionen in der Natur. Sie haben andere Bedürfnisse und Beweggründe als Menschen.*

beispielsweise des Urlaubs oder eines möglichen Umzugs geht. Doch sollte es in einer Beziehung immer auch darum gehen, dass *beide* Parteien glücklich sind.

Betrachtet man die Beziehung aus der Perspektive der Katzen, so sehen diese uns sicherlich als sozial gleichrangig an und keinesfalls als jemanden, den man ehren oder dem man gar gehorchen muss! Sie ändern ihr Verhalten je nach Stimmung oder Umständen und benehmen sich mal wie kleine Kätzchen, mal wie Rowdies und mal wie vernünftige Erwachsene. Falls Sie mehrere Katzen haben, konkurrieren diese miteinander vielleicht um Ihre Gunst – wobei sie Sie allerdings mehr als Mittel zum Zweck denn als Gefährten betrachten.

Eine gesunde Beziehung zwische Katze und Besitzer erlaubt es beiden Parteien, auch außerhalb dieser Beziehung ein eigenes Leben zu führen. Zu viel Aufmerksamkeit und zu viel gemeinsame Zeit kann zu einer Abhängigkeit führen, in der Ihre Katze ohne Ihre emotionale Unterstützung überhaupt nichts mehr zuwege bringt. In Ihrer Abwesenheit leidet sie sprichwörtlich wie ein Hund und wird vielleicht sogar krank. Eine solche Intensität kann weder Katze noch Besitzer wirklich glücklich machen.

Katzen sollten Katzen sein dürfen und Qualität sowie Quantität ihres Umgangs mit Herrchen nur bis zu einem gewissen Grad bestimmen. Zumindest einen Teil des Tages mit ausschließlich katzentypischen Aktivitäten zu verbringen, hält den Katzengeist wach; ermuntern Sie sie also dazu, täglich ein wenig zu spielen, zu erkunden, zu klettern und zu springen.

Die Katzensprache sprechen

Alle Katzenbesitzer haben das Gefühl, einen besonderen Einblick in das Gemüt ihrer Katze zu haben; doch kann man dabei schon von Kommunikation sprechen? Verstehen wir Katzen, und verstehen sie uns?

Das Schöne an der Beziehung zwischen Katze und Mensch ist es gerade, dass sie sehr gut ohne eine geläufige Sprache auskommt. Vielleicht signalisiert Ihre Katze ein bestimmtes Bedürfnis, und Sie interpretieren es völlig falsch und handeln entsprechend – das scheint aber keine Rolle zu spielen. Macht der Katzenbesitzer mit, versucht es die Katze einfach so lange, bis sie sich verständlich machen konnte. Katzen haben sehr viel Verständnis für unsere Begriffsstutzigkeit!

Untereinander funktioniert Katzenkommunikation durch eine Mischung aus Körperhaltung, Bewegung und der Art und Weise, wie Ohren, Kopf und Schwanz gestellt sind. Teilweise ist diese Körpersprache

sehr anschaulich, andere Signale wiederum bestehen aus so subtilen Abweichungen, dass der Mensch sie fast nicht wahrnehmen kann. Katzen sind
wahre Meister der nonverbalen Kommunikation, auch im Verhältnis zu
ihren Besitzern. Wenn Sie Ihrer Katze etwas sagen, was Sie nicht wirklich
meinen, merkt Ihre Katze das sofort. Sie weiß auch, wann Sie Angst haben
oder wütend sind, egal wie gut Sie dies verbergen können. Ihre Körpersprache verrät Sie.

Und damit sind wir schon bei der ersten Regel der Kommunikation
mit Ihrer Katze: Sie kennt Ihre wahren Absichten und Ihre Stimmungen;
machen Sie sich also gar nicht erst die Mühe, ihr etwas vorgaukeln zu wollen. Denken Sie daran, wenn Sie Ihrer Katze das nächste Mal eine Wurm-
tablette verabreichen wollen: Sie weiß, dass Sie sie hinter Ihrem Rücken
verstecken. Wenn Sie selbst davon überzeugt sind, dass Sie nichts Böses im
Schilde führen, bleiben Sie entspannt und Ihre Katze auch.

Katzen kommuni-
zieren über Bewe-
gungen, Körperhal-
tungen und die Art
und Weise, wie
Ohren, Kopf und
Schwanz gestellt
sind. Katzen sind
wahre Meister der
nonverbalen
Kommunikation.

Umgekehrt müssen Sie lernen, die subtilen Nuancen im Verhalten Ihrer Katze zu interpretieren. Katzen tun nichts ohne Grund; jede Bewegung und Haltung hat einen Zweck, und mag sie auch noch so absichtslos aussehen. Denken Sie daran, wenn sich Ihre Katze Ihnen das nächste Mal nähert oder Ihre Aufmerksamkeit auf sich zieht.

Katzen tun nichts ohne Grund, jede Haltungsänderung vermittelt eine Botschaft. Versuchen Sie, sich in Ihre Katze hineinzuversetzen und herauszufinden, was sie will.

Was sie von Ihnen will

Entgegen der landläufigen Meinung wollen Katzen nicht nur Futter oder Streicheleinheiten, wenn sie zu ihrem Besitzer kommen. Dieses Missverständnis kann zu frustrierten, übergewichtigen Katzen führen, die einfach nicht verstehen, warum man sie nicht versteht.

Auch ihre Stimmen benutzen Katzen aus mehreren Gründen: Sie begrüßen damit nach einer Abwesenheit ihren Besitzer, kommunizieren ihre Stimmung, machen ihren Besitzer auf Gefahr aufmerksam oder bitten um etwas. Ihre Katze versucht auch, Sie von etwas abzuhalten, was sie nicht mag. Kommt sie nach Hause, teilt sie Ihnen vielleicht mit, dass sie Ihnen eine Maus mitgebracht hat. Kommen Sie nach Hause zurück, werden Sie vielleicht mit einem Zirpen begrüßt; der kurze Laut erfordert eine Antwort – je nach Katzenpersönlichkeit ein einfaches »Hallo« oder ein »Ich nehme dich ja schon auf den Arm und streichle dich«. Sollten Sie unsicher sein, was Ihre Katze bevorzugt: Versucht sie, sich aus Ihrem Arm zu befreien, reicht ein Hallo.

Der Gebrauch der Stimme ist ein erlerntes Verhalten, da Katzen von ihren Besitzern oft dazu ermuntert werden. Manche Katzen haben ganz ähnliche Laute für alle Bedürfnisse und machen sich zudem verständlich, indem sie dabei neben dem Zielobjekt – der Gartentür, dem Futternapf – stehen und ihren Besitzer direkt ansehen. Eine Warnung vor Gefahr ist oft von einem Hin- und Herlaufen begleitet, etwa am Fenster, wenn auf der Straße ein Fremdling gesichtet wurde. Ruhelosigkeit und entsprechende Laute vor dem Gebrauch der Katzentoilette können darauf verweisen, dass Ihre Katze mit der Situation dort unzufrieden ist.

Im Spiel wird Jagdverhalten imitiert. Dies macht anscheinend süchtig: Je mehr Ihre Katze spielt, desto öfter will sie spielen.

Zur Begrüßung oder wenn sie auf Futter wartet, wird Ihre Katze sich an Ihren Beinen reiben. Darauf müssen Sie nicht eigens reagieren; es handelt sich um ein Markierungsverhalten. Manche Besitzer sind irritiert, wenn sie sich dann hinunterbeugen und von der Katze ignoriert werden.

Lässt sich Ihre Katze vor Ihren Füßen fallen und zeigt Ihnen den Bauch, wird das oft als Aufforderung missverstanden, den Bauch zu streicheln. Eigentlich ist es nur ein Zeichen, dass sich Ihre Katze in Ihrer Gegenwart vollkommen sicher fühlt – es kann also gut sein, dass Ihre gute Absicht mit einem Kratzen belohnt wird!

Katzenliebe

Manche Katzenbesitzer glauben, sie müssten ihre Liebe immer durch Berührung ausdrücken. Doch leider empfinden es die meisten Katzen als Übergriff, wenn sie ständig gestreichelt werden. Dankbarer wird Ihre Katze sein, wenn Sie stattdessen mit ihr spielen. Durch Spielen imitiert sie Jagdverhalten, das fest in ihr Gehirn einprogrammiert und mit dem Belohnungssystem verknüpft ist. Dies scheint zu einer Art Sucht zu führen: Je mehr Ihre Katze spielt, desto öfter will sie es wieder tun.

Deshalb sollten Katzen jeden Alters zum Spielen ermuntert werden; es hält sie fit und regt den Geist an. Junge Kätzchen entwickeln sich am prächtigsten, wenn man viel mit ihnen spielt. Bei älteren Katzen wird durch Spielen der Alterungsprozess verlangsamt und möglicherweise auch der Senilität vorgebeugt. Zudem leiden Katzen, die viel spielen, weniger an Übergewicht oder gar Fettleibigkeit.

Viel beschäftigte Katzenbesitzer spielen mit ihren Hausgenossen, wenn sie zwischendurch einmal Zeit haben. Für die Katzen ist das nicht ideal; die Gewohnheitstiere folgen ihrer 24-Stunden-Routine mit nur geringen Abweichungen. Ihre Katze wird mitten am Nachmittag wenig zum Spielen aufgelegt sein, wenn diese Zeit normalerweise einem Nickerchen vorbehalten ist. Und wenn sie um 9 Uhr abends immer ihre »verrückte halbe Stunde« hat und durchs Haus tobt, können Sie den gemütlichen Fernsehsessel vergessen.

Dabei muss das Spielen gar nicht lange dauern. Am nützlichsten ist es sogar, wenn es kurz, aber häufiger und sehr intensiv ist. Täglich sechs Fünf-Minuten-Sitzungen mit einem Spielzeug an einer Schnur sind wesentlich effektiver, als einer gelangweilten Katze eine halbe Stunde lang mit einer Stoffmaus vor der Nase herumzuwedeln.

Hier fühlt sich ihre Katze wohl

Das Zuhause, das Ihrer Katze gefällt, muss nicht wie ein Zoogehege aussehen. Ein paar Kompromisse hinsichtlich der Einrichtung sollten Sie Ihrer Katze zuliebe allerdings schon eingehen.

Wenn Sie Anhänger minimalistischer Wohnungseinrichtungen sind, müssen Sie vermutlich mehrere Veränderungen vornehmen, damit Ihre Katze sich bei Ihnen wohlfühlt. Offene Räume mit klaren Linien und wenig Schnickschnack ist modernes Wohnen – aber weit entfernt vom natürlichen Lebensraum der Katze. Obwohl sich Hauskatzen an die meisten Wohnlandschaften anpassen können, benötigen sie doch ein Mindestmaß an Deckung, um sich ungestört bewegen zu können. Und Deckung ist genau das, was es in einem modernen Wohnzimmer, einem mehr oder weniger leeren Raum, nicht gibt. Dabei würden schon ein paar Grashalme – na gut, es darf auch ein Stuhl sein – ausreichen, um den nötigen Schutz zu bieten.

Viele Möbel und viel Nippes – so stellt sich Ihre Katze wahrscheinlich das Paradies vor. Hier gibt es Gesimse, von denen aus man alles beobachten kann, und reichlich Schlupfwinkel, um sich vorübergehend unsichtbar zu machen. Das Bedürfnis nach Rückzug verspüren alle Katzen; Sie sollten es ihr nicht verwehren. Ist das Versteck auch noch warm, empfiehlt Ihre Katze Sie als Fünf-Sterne-Etablissement weiter.

Treppen sind fast unschlagbar: Sie führen zu »Aussichtsplattformen« – als solche sieht Ihre Katze das Obergeschoss – und Plätzen mit der größten Sicherheit. Sollten Sie diesen Luxus nicht haben, können Sie Ihrer Katze auch im eingeschossigen Wohnraum Plattformen – etwa durch Regale, Schränke o. Ä. – schaffen.

Jedes Zimmer des Hauses oder der Wohnung sollte zumindest einigen spezifischen Anforderungen Ihrer Katze genügen, weshalb wir uns nun jeden Raum einzeln vornehmen wollen.

EINFALLSREICHTUM

Ich habe schon viele eindrucksvolle moderne Wohnräume gesehen, die allerdings immer eine Herausforderung für die dort lebenden Katzen darstellten. In einer dieser Wohnungen lebte ein Künstler mit seinen beiden unglaublich gelangweilten und zänkischen Burma-Katzen. Im Zuge eines Schlichtungsversuchs schlug ich vor, den Frieden mithilfe einiger Regale o. Ä. wiederherzustellen, damit jede Katze einen hoch liegenden Rückzugsort für sich hatte. Das lehnte der Besitzer ab, doch packte ihn plötzlich künstlerischer Einfallsreichtum. Er brachte drei wunderschön gepolsterte antike Stühle wie eine Art Leiter an der Wand an, was überraschend gut aussah und von den Katzen mit Begeisterung als Thron aufgenommen wurde. Dabei kamen sie sich nicht einmal in die Quere, weil einer der Stühle ja immer frei blieb. Wie ich immer sage: Der Unterhaltung der Katzen ist nur durch die Fantasie des Menschen eine Grenze gesetzt!

Die katzenfreundliche Küche

Die Küche ist nicht nur für Menschen der zentrale und geselligste Raum eines Hauses; hier finden sich auch viele unverzichtbare Ressourcen für Ihre Katze. Allerdings lauern dort auch potenzielle Gefahren.

Aus praktischen Gründen befinden sich Katzenklappen, Futter- und Wassernäpfe sowie Katzentoiletten und Körbchen oft in der Küche oder angrenzenden Bereichen. Das macht den Raum zu einer besonders wichtigen Stätte für Ihre Katze – aber auch zu einem Ort, an dem sie am angreifbarsten ist, etwa durch andere Katzen, die von verheißungsvollem Futter angelockt werden.

Gegenüber Bei Gefahr ziehen sich Katzen gern auf hoch liegende Plätze zurück, weshalb sie eine besondere Vorliebe für Treppen haben.

Gegenüber Stellen Sie den Futternapf Ihrer Katze nicht in die Nähe der Tür oder der Katzenklappe und möglichst an einen Ort, der von außen nicht einsehbar ist.

Doch mit etwas umsichtiger Planung können Sie das Sicherheitsgefühl Ihrer Katze erhöhen und z. B. den Futternapf so weit wie möglich von der Katzenklappe entfernt aufstellen. Schutz bietet es Ihrer Katze auch, wenn Futternapf, Katzentoilette und Wasserschüssel nicht unmittelbar von außen einsehbar sind.

Darüber hinaus birgt die Küche aber auch viele andere potenzielle Gefahren, vom kochenden Wasser über Stromkabel bis zu elektrischen Geräten; einen kurzen Sicherheits-Check finden Sie im Kasten oben.

Da Katzen gern erhöht sitzen, ist es fast unvermeidlich, dass sie auch einmal über den Küchentisch laufen, um z. B. auf ein Fensterbrett zu gelangen. Bestrafen Sie die Katze, wenn Sie sie dabei erwischen, hat das nur zur Folge, dass sie auf den Küchentisch springt, wenn Sie nicht da sind; Sie brauchen also eine andere Strategie. Legen Sie eine Schicht dickes Papier auf dem Küchentisch aus und beschweren Sie die Enden mit Gegenständen, damit das Papier nicht verrutscht. Bekleben Sie das Papier mit mehreren Streifen doppelseitigen Klebebands – verwenden Sie allerdings nur eines mittlerer Stärke. Wenn Ihre Katze das nächste Mal auf den Tisch springt, wird sie ein klebriges Gefühl an den Pfoten haben, das sie zukünftig hoffentlich davon abhält, erneut auf den Tisch zu springen.

Das katzenfreundliche Wohnzimmer

Ihre Katze wird es sich vermutlich nicht nehmen lassen, auch etwas Zeit mit Ihnen im gemütlichen Wohnzimmer zu verbringen, doch können Sie einiges tun, um den Raum für Ihre Katze noch angenehmer zu machen.

Das Wohnzimmer ist normalerweise der Raum, in dem man ruht und sich entspannt. Hier sitzt man mit Freunden beisammen, sieht fern oder tut nach einem anstrengenden Tag auch einfach einmal nichts. Auch Katzen haben ihre Lieblingssendungen im Fernsehen, allerdings müssen ihre Vorlieben nicht mit Ihren übereinstimmen. Katzen reagieren auf Objekte am Bildschirm, die sich wie Beute bewegen, und sind meist ausgesprochen interessiert an Tiersendungen. Mittlerweile gibt es sogar eigens Katzen-

Durch Fenster kann man gut sehen, was draußen vor sich geht, doch bevorzugen Katzen kleinere Fenster in dunkleren Räumen, da sie dort genug Deckung haben, um sich sicher zu fühlen.

Gegenüber Ihre Katze liebt Ihr Bett: Es ist sicher, und es riecht nach Ihnen.

DVDs zu kaufen, auf denen das zu sehen und zu hören ist, was Katzen anziehend finden. Doch auch bei Katzen gilt: Zu viel Fernsehen macht nicht unbedingt schlauer.

Fenster sind für den Kontakt mit der Außenwelt natürlich sehr wichtig, doch bevorzugen die meisten Katzen, wenn sie die Wahl haben, kleinere Fenster in dunkleren Räumen. Große Glasflächen sind für viele Katzen verwirrend. Durch diese können sie den Garten oder die Straße und damit alle potenziell dort lauernden Gefahren sehen, verstehen aber nicht, dass sie hinter Glas absolut sicher sind. Auch hier ist es wichtig, für Deckung zu sorgen. Hinter Glas kann sich eine Katze beim Ausspähen des Reviers nicht verstecken, und wenn es ganz schlecht läuft, sieht sie sich plötzlich Aug in Auge mit dem Kater von nebenan.

Abhilfe schaffen opake Klebefolien im unteren Bereich der Fenster, die die Katze schützen und dennoch genug Licht ins Wohnzimmer lassen. Schätzen wird Ihre Katze auch einen erhöhten Sitzplatz in der Nähe des Fensters, von dem aus sie alles beobachten und gleichzeitig ihre Überlegenheit demonstrieren kann. Wenn Sie Ihre Fenster nicht mit Klebefolie verschandeln wollen, können Sie auch einige strategisch platzierte Topfpflanzen aufstellen, die der Katze ausreichend Möglichkeiten bieten, in Deckung zu gehen.

Das katzenfreundliche Schlafzimmer

Das Schlafzimmer stellt für Ihre Katze zweifelsohne den anziehendsten Raum des Hause dar. Es liegt möglicherweise im Obergeschoss und gilt als sicher, weil man es sich »erklettern« muss.

Darüber hinaus attraktiv sind auch die Wärme der Bettdecke und die Plattform, die das Bett bietet. Außerdem riecht das Bett nach Ihnen – etwas Schöneres gibt es für eine Katze nicht. Hier fühlt sie sich absolut sicher und kann tief und fest schlafen. Wenn sie in den zusätzlichen Genuss kommt, das Bett mit Ihnen teilen zu dürfen, wird Ihre Katze das Schlafzimmer kaum mehr freiwillig verlassen wollen.

Gegenüber Ist in Ihrem Garten alles vorhanden, was Ihre Katze braucht, wird sie sich in der Regel weniger weit vom Haus entfernen.

Das kann natürlich auch zu Problemen führen, etwa dann, wenn sich Ihre Lebenssituation durch einen neuen Partner oder ein Baby ändert. Darf Ihre Katze dann nicht mehr ins Schlafzimmer, ist sie mindestens frustriert, wenn nicht gar deprimiert.

Hinzu kommt, dass Katzen eigentlich nachtaktiv sind, also einen Schlaf-wach-Rhythmus haben, der dem Ihren von Natur aus zuwiderläuft. So kommt es nicht selten vor, dass Ihre Katze nachts um vier die Lust packt, mit Ihnen zu spielen – oder, wenn Sie noch schlafen, wenigstens mit Ihren Haaren. Dann aufzustehen, die Katze hinauszulassen, sie zu füttern oder im Wohnzimmer mit ihr zu spielen, damit Ihr Partner nicht aufwacht, ist die beste Garantie dafür, dass Ihre Katze Sie auch weiterhin morgens um vier weckt. Am besten sorgen Sie gleich dafür, dass Sie und Ihre Katze getrennte Schlafplätze haben.

Das so wichtige Schlafzimmer kann – wie jeder andere Platz auch – in einem Mehr-Katzen-Haushalt natürlich auch zum Austragungsort von Rivalitäten werden. Hier müssen Sie einen vernünftigen Kompromiss finden und beispielsweise mehrere warme Plätze schaffen, an die sich die Katzen zurückziehen können. Am wichtigsten ist es jedoch, nicht auf nächtliche Störungen zu reagieren, da sich die Katzen dieses Verhalten sonst angewöhnen.

Der katzenfreundliche Garten

Wenn Sie einen Garten haben, und Ihre Katze hat Zugang zu diesem, sollten Sie auch die Umgebung dort katzenfreundlich gestalten. Katzen halten sich gewöhnlich nicht an Grenzen und streifen umher, bis sie finden, was sie brauchen. Ein katzenfreundlicher Garten ist also noch lange keine Garantie dafür, dass Ihre Katze den Gartenzaun als Reviergrenze ansieht, doch kann er erheblich dazu beitragen.

Verlässt Ihre Katze das Haus, will sie zunächst sicherstellen, dass im Revier alles seinen geregelten Gang geht und keine Gefahr droht. Draufgängerische Katzen entfernen sich dabei auch schon einmal weiter vom Haus, doch die meisten bleiben lieber in der Nähe. Die bevorzugte Strategie lautet auch hier: in Deckung gehen und beobachten, ohne selbst gesehen zu werden. Dazu eignen sich Sträucher, Kübelpflanzen und Gartenmöbel hervorragend. Immergrüne Sträucher und Kübelpflanzen sorgen dafür, dass die Katze sich auch im Winter nicht »nackt« fühlt.

DAS STILLE ÖRTCHEN IM FREIEN

Ihrer Katze eine Gartentoilette einzurichten, ist nicht nur nützlich, sondern auch nachbarschaftlich, da sie Nachbars Garten dann vermutlich seltener aufsucht.

Heben Sie in einem Blumenbeet – am besten vor einem Zaun oder einer Mauer und in der Nähe eines Strauchs – ein 30 bis 45 Zentimeter tiefes Loch aus. Legen Sie eine Schieferplatte als Abfluss hinein und füllen Sie das Loch mit Sand, gemischt mit etwa der gleichen Menge Torf bis zum Rand auf.

Hoch gelegene Aussichtspunkte, von denen aus man sicher die Umgebung beobachten kann, gibt es im Garten viele: die Garage, der Schuppen, Zäune und Bäume, all diese Plätze bieten sonnige Fleckchen und ideale Standorte, um potenzielle Rivalen im Auge zu behalten. Das findet leider auch die Nachbarskatze, die sich deshalb unter Umständen ebenfalls auf Ihr Schuppendach »verirren« kann.

Katzen suchen oft im ganzen Revier nach geeigneten Plätzchen zum Verrichten ihres Geschäfts; wohnen jedoch viele andere Katzen in der Nähe, wird Ihre Katze einen nahe am Haus gelegenen Ort bevorzugen. Und das kann manchmal auch der Kräutergarten hinter der Küche sein. Wenn Sie das eher ungern sehen, können Sie Ihrem Hausgenossen ein geeignetes »stilles Örtchen« einrichten (siehe Kasten oben).

Gegenüber Die meisten Katzen sind im Freien sehr vorsichtig und spähen potenzielle Gefahren von einem erhöhten Standpunkt aus, an dem sie selbst nicht gesehen werden.

Außenanlagen

Der Gartenschuppen stellt für Katzen, die überwiegend im Haus leben, einen exzellenten Kompromiss dar: Hier sehen und hören sie alles, was draußen vor sich geht, exponieren sich selbst dabei aber nur wenig.

Ein solcher Schuppen sollte idealerweise an das Haus angrenzen; ist das nicht möglich, sollte er sich zumindest in praktischer Nähe befinden. In letzterem Fall müssen Sie Ihre Katze vielleicht im sicheren Körbchen dahin tragen – was bedeutet, dass sie nicht selbst entscheiden kann, ob sie gehen möchte oder nicht. In ersterem Fall ist es vielleicht möglich, zwischen Haus und Schuppen eine jederzeit zugängliche Katzenklappe einzufügen.

Die günstigste Konstruktion besteht aus Hasendraht auf einem Holzrahmen mit einem abfallenden Dach darüber, das wiederum aus Wellblech mit UV-Filter besteht. Diese trotzt der Witterung das ganze Jahr über. Der Schuppen sollte mindestens 1,80 Meter hoch sein, damit Sie ihn betreten können und Ihre Katze nach oben klettern kann. Wenn Sie noch Regale anbringen oder aufstellen, hat Ihre Katze noch mehr Verstecke, und Sie haben nützlichen Stauraum.

Zusätzlichen Schutz und Wärmeisolierung bieten Sie mit einer abwaschbaren Innenverkleidung. Stellen Sie Ihrer Katze auch etwas Trockenfutter und ein warmes Körbchen in den Schuppen. Perfekt wird die

Inneneinrichtung mit einem Wasserschälchen und Unterhaltungsmöglichkeiten wie einem Topf mit Katzenminze, einem Holzstapel oder haltbarem Spielzeug. Nützlich ist auch eine Katzentoilette.

Der Schuppen sollte möglichst so stehen, dass er für andere Katzen nur schwer zugänglich ist. Stellen Sie ein paar Kübelpflanzen davor auf, dann hat Ihre Katze die Deckung, die sie braucht.

Die richtigen Gefäße

Einen speziellen Futternapf braucht Ihre Katze nicht unbedingt – vor allem nicht, wenn sie Trockenfutter bekommt –, doch eine geeignete Wasserschale muss sein. Bekommt Ihre Katze Nassfutter, haben Sie beim Napf die Qual der Wahl: Die aus Keramik oder Glas sind wahrscheinlich am vernünftigsten, da Plastikbehälter leicht zerkratzen und möglicherweise einen für Ihre Katze unangenehmen Geruch verströmen. Rostfreier Stahl ist hygienisch und leicht zu säubern; trägt ihre Katze allerdings ein Halsband, wird sie sich durch das ständige Klicken am Napfrand gestört fühlen. Größe und Form des Napfs bleiben Ihnen überlassen. Eigen sind Katzen diesbezüglich nur, wenn der Teller sehr flach ist und sie keine Möglichkeit haben, das Futter an den Rand zu schieben und von dort mit der Zunge aufzulecken. Eine Ausnahme stellen hier Perserkatzen und andere Rassen mit relativ flachen Gesichtern dar, die ebene Teller bevorzugen.

Ihre Katze sollte täglich viel Wasser zu sich nehmen, vor allem wenn sie überwiegend Trockenfutter bekommt. Fürsorglich stellen viele Katzenbesitzer deshalb eine Wasserschale neben den Fressnapf, doch oft finden Katzen es wesentlich attraktiver, ihren Durst an ungewöhnlichen Stellen zu stillen. Im nebenstehenden Kasten finden Sie einige Vorschläge, wie Sie Wasser für Ihre Katze interessant machen können.

WASSER FÜR DIE KATZ

- *Die Wasserschale besteht idealerweise aus Keramik oder Glas; ihr Durchmesser ist so groß, dass die Schnurrhaare nicht den Rand berühren.*

- *Füllen Sie die Schale bis zum Rand mit Wasser, damit die Katze ihren Kopf nicht beugen muss – sie behält gern ihre Umgebung im Auge.*

- *Einige Katzen saufen auch gern aus Gläsern – auch aus denen, die auf dem Nachttisch ihres Besitzers stehen. Falls dem so ist, besorgen Sie Ihrer Katze ein eigenes Glas.*

- *Besonders interessant finden Katzen laufendes Wasser. Es gibt mittlerweile sogar elektrische Trinkbrunnen für Haustiere.*

- *Wenn Sie einen Garten haben, können Sie dort auch einen Regenwasserauffangbehälter aufstellen, an dem Ihre Katze ihren Durst löschen kann.*

Hygiene und Diskretion

Katzentoiletten sind für Katzenbesitzer ein notwendiges Übel – auch dann, wenn die Katze oft draußen ist. Es gibt sie in zwei grundlegenden Formen:
- als offene Behälter mit jeweils verschieden hohem Rand, aber ohne Deckel
- als Behälter mit entfernbarem Deckel und manchmal mit Katzenklappe als Zugang

Die beiden grundlegenden Modelle gibt es jeweils in verschiedenen Größen und Formen, etwa klein für junge Kätzchen oder dreieckig, damit sie in eine Zimmerecke passen. Viele Katzenbesitzer entscheiden sich für das Modell mit Deckel in der Hoffnung, der Katze damit etwas Privatsphäre zu verschaffen und Geruch sowie unappetitlichen Anblick auf ein Minimum zu begrenzen. Das funktioniert bei den meisten Katzen auch gut, manche fühlen sich in dem engen Behälter mit nur einer Fluchtmöglichkeit jedoch gefangen.

Selbstreinigende Katzentoiletten erfreuen sich zunehmender Beliebtheit, doch auch diese sind eher auf die Bedürfnisse des Besitzers denn auf die der Katze zugeschnitten. Sie bewegen sich oft unerwartet oder machen Geräusche, die die Katze irritieren, ängstigen und möglicherweise sogar davon abhalten, die Hightech-Toilette zu benutzen.

Katzentoiletten mit Deckel reduzieren Geruch und unappetitlichen Anblick zwar auf ein Minimum, doch fühlen sich manche Katzen bei nur einer Fluchtmöglichkeit unwohl.

Es gibt auch Katzentoiletten, die mit Plastikfolie ausgelegt sind, sowie spezielle Duftsteine; doch da Katzen sehr feine Nasen haben und es zudem gar nicht mögen, mit den Krallen in Plastik hängen zu bleiben, ist davon eher abzuraten.

Auch bei der Katzenstreu steht Ihnen mittlerweile eine große Auswahl zur Verfügung: aus Papier, Holz, Kieselerde, Getreide oder Bleicherde. Sie wiegt wenig, ist biologisch abbaubar und hat ausgezeichnete geruchsneutralisierende Eigenschaften. Wenn Sie die Katze von klein auf daran gewöhnen und die Streu regelmäßig wechseln, ist sie für Ihre Katze absolut akzeptabel. Sie würde wahrscheinlich sandähnliche Streu wählen, schließlich stammt sie von der Afrikanischen Wildkatze ab. Am besten streuen Sie eine etwa drei Zentimeter dicke Schicht aus.

Wo Sie die Katzentoilette platzieren, ist ebenfalls nicht uninteressant. Stellen Sie sie in eine diskrete Ecke ohne »Durchgangsverkehr«, weitab von Futternapf und großen Fenstern.

Und nun ab ins Bett

Katzen verbringen den Großteil ihrer Zeit schlafend; es ist also durchaus sinnvoll, sich auch einige Gedanken über den geeigneten Schlafplatz zu machen. Und das ist gar nicht so einfach.

Haben Sie auch schon einmal ein tolles neues flauschiges Katzenkörbchen mit nach Hause gebracht, und Ihre Katze hat sich einfach umgedreht und ist nach oben auf das alte Sofa oder in Ihr Federbett gegangen? Warum um alles in der Welt wollen Katzen unbedingt da schlafen, wo sich auch Herrchen zur Ruhe bettet?

Katzen wollen es auf jeden Fall warm haben und lieben den Geruch ihres Besitzers – er vermittelt ihnen ein sehr starkes Gefühl von Sicherheit. Abgesehen davon lassen sich Katzen zum Schlafen auch gern an Plätzen nieder, die von der Sonne beschienen sind.

Wenn Sie unbedingt ein Körbchen kaufen oder verhindern wollen, dass Ihre Katze bei Ihnen im Bett schläft, spielt der Ort, an den Sie das Körbchen stellen, die entscheidende Rolle. Es sollte auf jeden Fall erhöht und in der Nähe der Heizung oder an einem sonnigen Platz stehen. Es schadet auch nicht, wenn der Ort ein wenig ruhiger ist und nicht jedes Familienmitglied ständig am Körbchen vorbeiläuft. Ist es an drei Seiten erhöht, hält es Zugluft ab und bietet zugleich Deckung – ein einfacher Pappkarton erfüllt denselben Zweck übrigens preiswerter.

Rosenduft

Silas und Oliver – zwei ansonsten sehr elegante Perserkatzen – hatten sich eine unschöne Angewohnheit zu eigen gemacht: Sie benutzten verschiedene Ecken des Hauses als Katzentoilette. Der Besitzer konnte sich das nicht erklären und bat mich um Rat. Nach einigem Herumrätseln kamen wir darauf, dass die Katzentoilette das Problem war – sie war einfach zu sauber! Der Besitzer desinfizierte sie jeden Tag und gab frische Streu sowie einen stark riechenden Duftpuder hinein. Das machen wir Menschen ja schließlich auch so oder ähnlich. Ich riet ihm, von diesem strengen Vorgehen ein wenig abzuweichen und Duftpuder sowie Desinfektionsmittel wegzulassen. Stattdessen sollte er die Katzentoilette einmal in der Woche gründlich auswaschen. Ein wenig Geruch – auch wenn er für uns Menschen unangenehm ist – brauchen Katzen, und so kehrten Silas und Oliver bald zu tadellosen Manieren zurück.

Katzen verbringen den Großteil ihrer Zeit schlafend und haben meist mehrere Schlafplätze, an denen es warm ist und wo sie sich sicher fühlen.

Gegenüber Stellen Sie das Katzenkörbchen an einen erhöhten Ort nahe der Heizung und waschen Sie es nicht zu oft – Katzen brauchen vertraute Gerüche.

Krallen schärfen

Das Krallenschärfen dient nicht nur diesem genannten, sondern auch dem Zweck, das Revier zu markieren und die Muskeln zu dehnen. Entsprechende Kratzbäume gibt es in allen Formen und Größen zu kaufen; sie sind für Ihre Katze sehr wichtig. Wenn Sie nämlich keinen hinstellen, bedient sich Ihre Katze an Teppichen, Möbeln und Tapeten.

Es gibt frei stehende Kratzbäume sowie solche, die man an der Wand befestigen kann. Die frei stehenden Varianten reichen von kurzen Pfosten bis zu Konstruktionen, an denen bis unter die Decke auch horizontale Fläche angebracht und die mit einem rauen Material wie z. B. Sisal umwickelt sind. Die Wandvariante ist natürlich die platzsparendere.

Doch egal ob freistehend oder an der Wand: Der Kratzbaum sollte auf jeden Fall sehr stabil sein, da die Katze sich meist mit ihrem ganzen Gewicht dagegen lehnt. Außerdem muss der Kratzbaum so groß sein, dass die Katze sich ganz daran ausstrecken kann, damit der Zweck der Muskeldehnung nicht zu kurz kommt. Die Lage des Kratzbaums ist auch nicht ganz unwichtig. Am besten stellen Sie ihn in der Nähe eines Fensters oder einer Heizung in einem Zimmer auf, das Ihre Katze regelmäßig aufsucht, vor allem wenn der Kratzbaum größer ist und auch horizontale Flächen

aufweist. Katzen dehnen sich und schärfen sich die Krallen auch gern gleich nach dem Aufwachen; falls sie also in einem Katzenkörbchen schläft, sollte der Kratzbaum nicht allzu weit sein. Das gilt auch für den Fall, dass Ihre Katze bei Ihnen im Bett schlafen darf – denn auch an der Matratze kann man sich wunderbar die Krallen schärfen!

Katzen müssen sich die Krallen schärfen und dabei gleichzeitig die Muskeln dehnen. Wenn Sie keinen geeigneten Kratzbaum haben, nimmt Ihre Katze auch gern mit Möbeln, Teppichen und Tapeten vorlieb.

Unterhaltung im Haus

Wie alt oder jung Ihre Katze auch ist – das Spielen hat einen sehr großen Einfluss auf ihr Wohlbefinden. Es lohnt sich also, in einige gut ausgewählte Spielzeuge zu investieren.

Oft unterhalten Katzen sich auch selbst, indem sie allem nachjagen, was sich bewegt, von einer Fliege bis zu einem Lichtreflex an der Wand. Doch zusätzliches Spielzeug regt die Fantasie Ihrer Katze an und stellt sicher, dass Sie täglich immer etwas Zeit mit ihr verbringen.

Zwängen Sie Ihrer Katze einen neuen Kratzbaum nicht direkt auf, dann lehnt sie ihn wahrscheinlich ab. Interessieren Sie sie dafür, indem sie etwas getrocknete Katzenminze am Stamm verreiben.

MIT LIST UND TÜCKE

Wenn Sie einen Kratzbaum mit nach Hause bringen, sollten Sie ihn Ihrer Katze nicht aufdrängen wollen. Katzen sind Diven und tun oft das Gegenteil dessen, was Sie wollen. Lässt die Katze den Kratzbaum links liegen, können Sie zu einer List greifen: Reiben Sie den Stamm mit etwas getrockneter Katzenminze ein oder legen Sie ein paar Leckerli aus – da kann bestimmt keine Katze lange widerstehen. Hilfreich ist auch der Einsatz von Spielzeug am Kratzbaum; ist die Verbindung erst einmal hergestellt, akzeptiert die Katze den Baum normalerweise auch.

Es gibt zwei Arten von Spielzeug: interaktives (Sie spielen mit Ihrer Katze) und solitäres (Ihre Katze spielt allein). Ideal ist eine Mischung aus beiden. Toll an interaktivem Spielzeug ist, dass es sich bewegt; da Katzen mit dem Spiel ihr Jagdverhalten imitieren, ist alles, was man jagen kann und worauf man sich stürzen kann, unglaublich aufregend.

Ein Vermögen für Spielzeug müssen Sie allerdings nicht ausgeben – viele alte Haushaltsgegenstände erfüllen den Zweck auch. Aufregend bleibt das Spielzeug durch seine Neuheit – verstecken Sie es und verwenden Sie es nacheinander. Alles, was in Form, Größe, Bewegung oder Konsistenz an die natürliche Beute der Katze erinnert, wird selbst die faulste Couch-Potato vom Sofa locken.

Gute Spiele

Katzen haben auch Freude an Spielen, die andere Aspekte des Jagdverhaltens außer dem Anschleichen und Fangen widerspiegeln. Katzen sind

LIEBLINGSSPIELZEUG

Kleine Fellmäuse *Diese sind das »natürlichste« Katzenspielzeug. Das Fell stammt in der Regel aus der Kaninchenzucht.*

Haargummis *Ausrangierte Haargummis sind fast nicht klein-zukriegen. Ihre Katze wird sie lieben!*

Haushaltsmüll *Zerknülltes Papier, ein Stückchen Folie, Kor-ken, eine Walnuss, Kartons und Schachteln – das kostet wenig und beschäftigt Ihre Katze stundenlang.*

Spielzeug zum Angeln *Damit regen Sie den Jagdtrieb Ihrer Katze an. Angeln mit Federn sind besonders beliebt.*

Spielzeug mit Katzenminze *Am besten eignen sich die getrock-neten Blüten und Blätter – nicht die Stängel – der Katzenminze. Achten Sie beim Kauf darauf.*

unglaublich neugierig und wollen alles Neue erkunden und untersuchen. Mit etwas Fantasie können Sie diese Eigenschaft noch fördern. Denken Sie einfach daran, was eine Katze in freier Wildbahn so den ganzen Tag tun würde: klettern, balancieren, springen und derglei-chen mehr. Nun wissen Sie, wofür Sie zu Hause sorgen müssen.

Wahrscheinlich untersucht Ihre Katze auch gern den Inhalt Ihrer Tüten und Taschen, wenn Sie vom Ein-kaufen zurückkommen. Das ist nicht nur die nackte Neugierde, sondern hat auch etwas mit dem Aufdecken neuer Nahrungsquellen zu tun. Wenn Sie die leeren Taschen oder Kartons auf den Boden stellen und ein Leckerli darin verstecken, wird Ihre Katze stundenlang glücklich damit beschäftigt sein. Auf Karton lässt es sich außerdem prima kauen; besonders junge Kätzchen fin-den dieses Material ausgesprochen anziehend. Passen Sie bei Plastiktüten auf, dass Ihre Katze nicht darin hängen bleibt. Wird der Karton langweilig, können Sie ihn auch einmal an einen anderen Ort stellen – und schon wird er wieder interessant.

Kletterspiele erfordern etwas Eigeninitiative, sind bei aktiveren Katzen jedoch sehr beliebt. Dafür brau-chen Sie beispielsweise nur einen Teppichstreifen an einer Wand zu befestigen – fertig ist die Do-it-yourself-indoor-Kletterhalle. Verwenden Sie zum Anbringen des Teppichs doppelseitiges Teppichklebeband und sichern

Sie das obere und untere Ende des Teppichstreifens mit horizontal an der Wand angeschraubten Holzleisten. Wenn Sie Ihrer Katze einen besonderen Gefallen tun wollen, befestigen Sie den Teppichstreifen neben einem Regal; dann kann sie auf das Regal klettern und auf demselben Weg auch wieder hinuntergelangen. Eine ähnlich gute Klettermöglichkeit bieten die bereits erwähnten Kratzbäume, die vom Boden bis zur Zimmerdecke reichen. Freude bereiten wird Ihrer Katze auch ein Gegenstand an einer Schnur, den Sie unter einer Zeitung oder einem Stück Stoff verstecken. Wenn Sie an der Schnur ziehen, bewegt sich der Gegenstand – einfach unwiderstehlich!

Die Katzenklappe
Mit der Katzenklappe hat Ihre Katze die Möglichkeit, zu kommen und zu gehen, wann sie will. Katzenklappen sind mittlerweile in allen Größen, Formen und Ausstattungsvarianten erhältlich.

Gegenüber Sehr beliebt ist Spielzeug, nach dem man angeln muss. Hat es Federn, wird der Jagdtrieb besonders stimuliert.

Im Prinzip sind Katzen einfach zu unterhalten. Ein Leckerli, in einem Karton oder unter einer Zeitung versteckt, reicht beispielsweise schon aus.

Zur Ausstattung gehören u. a. Vorrichtungen, mit denen man den Zugang regeln kann; dann sind die Katzenklappen beispielsweise nachts verschließbar. Durch manche Katzenklappen passen sogar Hunde – oder stattlichere Katzen –, und manche können auch an nichtstandardisierten Türen und Fenstern wie etwa solchen mit doppelter Verglasung angebracht werden.

Theoretisch hört sich das alles sehr gut an: Sind Sie nicht zu Hause, kann Ihre Katze ein- und ausgehen, wie sie will. Das ist deshalb sehr vorteilhaft, weil Katzen gern ein Mindestmaß an Kontrolle über ihr Leben behalten. Dennoch sind Katzenklappen zweischneidige Schwerter. Wenn Sie die alleinige Kontrolle haben, weiß Ihre Katze, dass sie um Ein- oder Auslass bitten muss. Das erhöht ihr Sicherheitsgefühl, da die geschlossene Tür natürlich auch potenzielle Eindringlinge abhält. Manche Katzen haben sogar Angst vor der Katzenklappe; schließlich kann sich auch der Wind darin verfangen und die Klappe gespenstisch hin und her bewegen. Eine Katzenklappe ist also nicht immer der Segen, den wir uns wünschen.

Um der Gefahr vorzubeugen, dass die Katzenklappe auch von anderen Tieren als Ihrer Katze benutzt wird, können Sie sich das Hightech-Modell anschaffen, das auf ein Magnetsignal im Halsband Ihrer Katze anspricht. Das schließt allerdings noch nicht aus, dass nicht auch andere Katzen in der Nachbarschaft ein solches Halsband tragen. Außerdem dauert es eine Weile, bis die Klappe auf das Signal reagiert; flieht Ihre Katze gerade vor einem Verfolger, rennt sie möglicherweise gegen die geschlossene Klappe, was sich ungefähr wie das Rennen gegen eine Mauer anfühlen muss. Ist die Klappe offen, bleibt sie es für ein paar Sekunden – lange genug, dass auch der Verfolger durchschlüpfen kann. Ganz moderne Varianten reagieren auf einen Mikrochip unter der Haut im Genick Ihrer Katze. Doch wie bei allen Sicherheitssystemen gilt: Es gibt keines, das nicht knackbar wäre.

Gegenüber
Katzenklappen bieten sowohl Katze als auch Besitzer ein gewisses Maß an Flexibilität – doch leider auch eine Zugangsmöglichkeit für unerwünschte Gäste.

Katzentransport

Unerlässlicher Ausrüstungsgegenstand für den Katzenbesitzer ist das Tragekörbchen – ein sicherer Behälter, in dem Sie Ihre Katze so stressfrei wie möglich beispielsweise zum Tierarzt transportieren können.

Transportieren Sie Ihre Katzen auf gar keinen Fall ohne einen solchen Behälter im Auto, wie friedlich Ihre Katze auch sein mag. Unfälle passieren nun einmal, und sollten Sie plötzlich scharf bremsen müssen, ist es sowohl für Sie als auch Ihre Katze sicherer, wenn sie in einem Körbchen sitzt.

Die ideale Transportbox ist stabil und dennoch relativ leicht, damit sie Ihnen mit Katze nicht zu schwer wird. Sie muss zudem bestimmten Sicher-

GLÜCKLICHE REISE

*Bewahren Sie die Transportbox
nicht auf dem Dachboden oder in
der Garage auf. Wenn Ihre Katze
sie ausschließlich mit Fahrten zum
Tierarzt assoziiert, wird sie sie
unter allen Umständen meiden.
Wenn Ihre Katze die Box auch als
Schlafplatz nutzen oder
gelegentlich damit spielen kann,
wird sie weniger Angst davor
haben – und vielleicht freiwillig
hineingehen, wenn der
Tierarztbesuch ansteht.*

heitsanforderungen genügen und leicht zu säubern
sein. Ein Karton kommt also nicht infrage. Dann schon
eher ein Korb, der oben offen ist; in diesen können Sie
Ihre Katze immerhin von oben hineinsetzen – jeder,
der schon einmal versucht hat, eine Katze in einen
Behälter zu stecken, weiß, wie schwierig sich das
Unterfangen gestalten kann. Legen Sie den Korb mit
Plastikfolie, Zeitungen und einem Handtuch oder einer
waschbaren Decke aus, sollte Ihrer Katze unterwegs aus
Angst ein Missgeschick passieren.

Moderne Leichtgewichttransportboxen sehen wie
schicke Reisetaschen aus; sie sind vorn mit einem Stoff-
netz ausgestattet und können ganz flach zusammen-
gefaltet werden. Es gibt auch größere Modelle, die
eigentlich zum Transport für Hunde gedacht sind und
Rollen haben. Wie schön die Katze es allerdings findet,
über Kopfsteinpflaster gezogen zu werden, ist fraglich.

Das richtige Halsband

Katzen, die sich viel im Freien aufhalten, brauchen meist ein Halsband – entweder zur Identifikation oder als Magnetsignal für die Katzenklappe (siehe S. 119).

Dabei ist die Auswahl riesig: Es gibt die Halsbänder in den verschiedensten Designs und aus den verschiedensten Materialien. Manche sind sogar mit einer reflektierenden Oberfläche ausgestattet. Achten Sie auf jeden Fall darauf, dass das Halsband unter Druck leicht aufgeht, damit Ihre Katze sich nicht stranguliert, wenn sie sich mit dem Band in einem Gegenstand verfängt. Viele dieser Bänder verfügen über einen elastischen Abschnitt, der allerdings so breit sein muss, dass Ihre Katze aus dem Band herausschlüpfen kann. Am besten ist eine »Sollbruchstelle«, an der das Band unter Druck auseinanderbricht.

Wichtig ist, dass das Halsband gut passt. Wenn Sie es Ihrer Katze zum ersten Mal anlegen, spannt sie vielleicht die Nackenmuskeln an – prüfen Sie den Sitz des Bands nach ein paar Minuten. Es sollte nur so fest sitzen, dass Sie locker zwei Finger zwischen Band und Hals der Katze schieben können. Sitzt das Halsband gut, schneiden Sie es in der passenden Länge zurecht: Über die Schnalle sollten nur etwa ein bis zwei Zentimeter überstehen.

TIPPS ZUM HALSBAND

• *Legen Sie Ihrer Katze das Halsband zum ersten Mal vor dem Fressen oder dem Spielen an – dann ist sie abgelenkt.*

• *Wenn Sie Ihre Katze spazieren führen, tun Sie dies immer an einem Brustgeschirr, nicht an einem Halsband.*

• *Flohhalsbänder sind weniger effektiv als entsprechende Tinkturen vom Tierarzt.*

Gegenüber
Transportieren Sie Ihre Katze niemals frei im Auto. Setzen Sie sie in eine Transportbox und schnallen Sie die Box an.

Halsbänder mit reflektierender Oberfläche eignen sich für Gegenden, in denen es nachts kaum Straßenbeleuchtung gibt. Das Halsband sollte gut sitzen und eine Sollbruchstelle haben, falls die Katze sich einmal darin verfängt.

Teil 5

Verhaltensprobleme lösen

Ungezogene Katze?

Es kann vorkommen, dass Ihre Katze ein Verhalten an den Tag legt, das Sie inakzeptabel finden. Bevor Sie sie allerdings für ungezogen halten, sollten Sie noch andere Möglichkeiten als Ursache in Betracht ziehen.

Mit einer Katze zu leben, sollte eine stressfreie und absolut erfreuliche Erfahrung sein, doch ist es fast unvermeidlich, dass in der einen oder anderen Lebensphase auch einmal Probleme auftauchen. Auf jedes dieser möglichen Probleme wird – so hoffe ich – im Laufe dieses Kapitels eingegangen. Dazu gehören auch Ratschläge, wie Sie mit dem jeweiligen – auch ernsthafteren – Problem umgehen oder an wen Sie sich wenden können, um Hilfe zu bekommen.

Katzen sind unglaublich anpassungsfähig; dennoch kann es Lebensumstände oder Situationen im gemeinsamen Miteinander geben, in denen sich die Katze unter Druck gesetzt fühlt. Offen äußern können Katzen diese Gefühle nicht – das ist in ihrem natürlichen Lebensraum nicht ratsam –, weshalb sie den Stress gewissermaßen in sich hineinfressen. Das macht es für Sie wiederum sehr schwer zu erkennen, dass überhaupt ein Problem existiert, da sich Ihre Katze zunächst vielleicht vollkommen normal verhält. Doch beim genaueren Hinsehen gibt es Hinweise: Vielleicht schläft sie neuerdings unter dem Bett und nicht mehr auf dem Sofa; vielleicht verlässt sie das Haus nur noch selten, und wenn, dauert es lange, bis sie sich dazu entschlossen hat; vielleicht schläft sie einfach auch mehr. Veränderungen in den Verhaltensmustern Ihrer Katze und Abweichungen von der täglichen Routine sind die ersten Anzeichen dafür, dass etwas nicht stimmt. Nimmt man diese nicht ernst, macht sich möglicherweise chronischer Stress breit, der deutlicher geäußert werden will. Dann verhält sich Ihre Katze – für das Auge des Laien – schlecht, schmutzig, übellaunig oder schlicht unangemessen. Der kundige Katzenbesitzer weiß, dass dies ein Schrei nach Hilfe ist.

Nun ist es Zeit, sich Rat zu holen und dem Problem auf den Grund zu gehen. Von alleine verschwindet es nicht, auch wenn es sich mal mehr, mal weniger stark bemerkbar macht. Verhält sich Ihre Katze also auf irgendeine Weise auffällig, sollten Sie herausfinden, warum – auch wenn Sie zu Hause oder am Arbeitsplatz vielleicht schon genug Probleme lösen müssen. Ihre Katze sollte es Ihnen wert sein.

Hier finden sie Hilfe

Verhaltensproblemen vorbeugen können Sie bereits, indem Sie sich täglich ein paar Minuten Zeit nehmen, um Ihre Katze zu beobachten. Die Probleme können effektiver gelöst werden, wenn man sie im Frühstadium auf-

deckt. Und die gute Nachricht ist: Sie müssen die Probleme nicht allein lösen, Sie können sich jederzeit professionelle Hilfe holen. Der erste Ansprechpartner sollte der Tierarzt sein, um mögliche Krankheiten oder Folgen von Unfällen auszuschließen. Denn nur dann kommt eine emotionale oder psychologische Ursache für Verhaltensprobleme infrage. Und auch dafür gibt es Spezialisten.

Die Beratung durch einen Tierpsychologen findet normalerweise bei Ihnen zu Hause statt, da die Umgebung einen großen Einfluss auf Verhalten und Stimmung der Katze hat. Manche Spezialisten arbeiten aber auch in einer Praxis und verwenden Grundrisse, Videoaufnahmen und Fragebögen, um sich einen Eindruck von der Umgebung der Katze zu verschaffen.

Wenn Ihre Katze sich plötzlich auffällig verhält, sollten Sie sie zuerst zum Tierarzt bringen, um mögliche Krankheiten und Unfallfolgen auszuschließen.

Manche Tierpsychologen arbeiten mithilfe von Fragebögen und Videoaufnahmen von einer Praxis aus; die meisten ziehen es allerdings vor, das Tier in seiner üblichen Umgebung zu beobachten.

Sind die Ursachen für das problematische Verhalten Ihrer Katze gefunden, stellt Ihnen der Tierpsychologe ein Programm mit Richtlinien auf, an die Sie sich halten sollten. Katzen können kaum direkt trainiert werden, die Richtlinien weichen von denen für die Hundeerziehung entsprechend weit ab. Normalerweise werden die Probleme gelöst, indem kleine Veränderungen in der Umgebung der Katze bzw. in Ihrem Umgang mit ihr vorgenommen werden. Vielleicht müssen beispielsweise mehrere Katzentoiletten aufgestellt oder es muss eine Katzenklappe entfernt werden. Vielleicht wird Ihnen auch empfohlen, Ihre Katze mehr in Ruhe zu lassen. Bei manchen Katzen hingegen ist direktes Training sehr wohl möglich; diesen kann man durch Belohnung durchaus ein bestimmtes Verhalten anerziehen. Die Belohnung muss allerdings substanzieller als ein einfaches Lob sein – das Lieblingsleckerli ist das Mindeste.

Besondere Problemfälle

Bestehen die Probleme Ihrer Katze schon länger oder können diese in ihrer häuslichen Umgebung nicht gänzlich ausgeschlossen werden, braucht Ihre Katze neben den Richtlinien vielleicht noch eine zusätzliche Therapie.

Mittlerweile gibt es Präparate mit synthetischen Pheromonen, die ähnlich wirken wie die natürlich im Körper der Katze vorkommenden chemischen Botenstoffe; diese wirken auf das Gehirn ein und beeinflussen das Verhalten der Katze, indem sie ihr ein Gefühl von Vertrautheit und Sicherheit vermitteln. Dadurch kann z. B. das Markierungsverhalten der Katze positiv beeinflusst werden. Zudem kann der Tierarzt bei Bedarf Nahrungsergänzungsmittel sowie homöopathische oder pflanzliche Präparate verschreiben. Jede Behandlung dieser Art – auch wenn die Präparate nicht verschreibungspflichtig sind – sollte mit dem Tierarzt abgesprochen sein, denn jedes Medikament, das eine Wirkung hat, hat auch eine Nebenwirkung. Die korrekte Dosierung kann anhand des Körpergewichts der Katze nur der Tierarzt bemessen. Halten Sie sich genau an seine Anweisungen; manche Medikamente etwa dürfen nicht abrupt abgesetzt, sondern müssen ausgeschlichen werden. Außerdem könnten Bluttests zur Kontrolle der Leberfunktion nötig sein.

Manchmal kommt die Lösung des Problems aber auch der Quadratur des Kreises nahe. Was Sie auch tun – es bleibt ohne Erfolg. Unter solchen Umständen werden Sie vielleicht gebeten, Ihre Katze in ein passenderes Zuhause abzugeben. Dort taucht das entsprechende Verhaltensproblem vielleicht nicht mehr auf. Doch liegt die Herausforderung dann ganz sicherlich darin, ein Zuhause zu finden, das *ganz anders* als das Ihre ist, was eine Offenlegung all Ihrer persönlichen Verhältnisse demjenigen gegenüber bedeutet, der Sie bei dieser Entscheidung berät.

Vorbeugung ist wie immer besser als Heilen, und vielen Verhaltensproblemen kann schon im Vorhinein begegnet werden. Auf den Seiten 178 bis 203 finden Sie zahlreiche Tipps zur optimalen Fürsorge für Ihren kleinen pelzigen Hausgenossen.

Auffälliges Verhalten

»Auffällig« ist natürlich ein sehr subjektiver Begriff und hängt stark davon ab, ob Sie das Verhalten Ihrer Katze als Problem wahrnehmen. Das kann von einem unbestimmten Gefühl bis zu massiven Tatsachen reichen.

MANGUS

Für einen Katzenbesitzer ist es sehr schwer zu akzeptieren, dass ein Verhaltensproblem nur durch ein neues Zuhause gelöst werden kann. Die meisten Katzenbesitzer haben dann das Gefühl, ihre Katze im Stich zu lassen. Das ist nicht der Fall; ich habe oft erlebt, dass ein liebevoller Besitzer sich mutig dazu entschlossen hat, das zu tun, was für seine Katze am besten war, nicht für ihn selbst. Meine eigene Katze, Mangus, eine kleine Devon Rex, ist ein Beispiel dafür. Sie hatte mit sechs anderen Katzen zusammengelebt und ihre Zeit überwiegend unter dem Bett verbracht, um von den anderen nicht terrorisiert zu werden; außerdem kaute sie zwanghaft dauernd auf Leder herum. Seit sie – als einzige Katze – bei mir lebt, hat sich ihr Verhalten grundlegend geändert, und auch Lederwaren haben für sie komplett ihren Reiz verloren. Verändern Sie die Umgebung, reduzieren Sie den Stress – und Ihre Katze fühlt sich wie neugeboren.

In vielen Fällen stellt das Probelm ein für die Spezies ganz normales Verhalten dar – nur eben in einer unangemessenen Situation. Dazu gehören beispielsweise das Nichtbenutzen der Katzentoilette, das Setzen von Duftmarken, aggressives Verhalten gegenüber anderen Katzen oder gegenüber Menschen und das Zerkratzen von Möbeln. In manchen Fällen müssen Sie Ihre Erwartungen als Besitzer neu überdenken und sie einem realistischeren Maß anpassen. So müssen Sie etwa akzeptieren, dass Ihre Katze ein Jäger ist und versucht, Nagetiere und Vögel zu fangen; das hat mit Stress nicht das Geringste zu tun. Es führt nur dann zu Stress, wenn Sie Ihre Katze für ihr instinktives Verhalten bestrafen. Katzen versuchen nun einmal, Vögel zu fangen, auch wenn Sie das für grausam halten.

Gelegentlich bringen Katzenbesitzer ihren Tieren auch ein »schlechtes« Benehmen bei, und die Verhaltensauffälligkeiten fallen dann in die Kategorie des »unangemessenen anerzogenen Verhaltens«. Dazu gehören Aggressionen gegenüber Menschen, die sich in sehr rauen Spielen äußern; dies haben Sie vielleicht unbewusst belohnt und damit verstärkt, als Ihre Katze noch sehr klein war. Auch aufmerksamkeitsheischendes Verhalten gehört in diese Kategorie, das Sie vielleicht ebenfalls unabsichtlich belohnt haben; möglicherweise hat Ihre Katze als Jungtier Dinge gemacht, die sie nicht durfte, weil sie dadurch verstärkt Aufmerksamkeit bekam.

Wenn Sie Ihre Katze als Jungtier beim Spielen immer »angefeuert« haben, äußert sich das beim erwachsenen Tier villeicht als Aggressivität gegenüber Menschen.

Eine Reihe von Verhaltensauffälligkeiten kann auch mit bestimmten Krankheiten assoziiert werden; manche physischen Beschwerden äußern sich in einem anormalen Verhalten. Verunreinigt Ihre Katze das Haus, hat sie vielleicht Probleme mit der Blase oder dem Darm; zeigt sie ein aggressives Verhalten, liegt diesem möglicherweise eine neurologische Erkrankung zugrunde. Deshalb ist es so wichtig, zuerst einen Tierarzt aufzusuchen, bevor sie einen Tierpsychologen zurate ziehen oder gar eigenmächtig tätig werden. Denn ist die körperliche Beschwerde beseitigt, kehrt die Katze in der Regel schnell zu ihrem normalen Verhalten zurück. Verhaltensauffälligkeiten, die auf ein medizinisches Problem hindeuten, finden Sie auf den Seiten 154f., 159f., 163–165, 167–169 und 172f. beschrieben.

Manchmal verhält sich Ihre Katze auch einfach ihrer Spezies entsprechend, auch wenn Sie das Verhalten unangemessen finden. Überdenken Sie Ihre Erwartungen.

Ist ihre Katze gestresst?

Katzen, die ein inakzeptables oder problematisches Verhalten an den Tag legen, leiden unweigerlich an chronischem Stress oder Angst. Allerdings ist es nicht immer ganz leicht, eine für Ihre Katze stressige Situation als solche zu identifizieren.

Stress ist zunächst eine ganz normale physiologische Reaktion auf bestimmte Erfahrungen im Leben – sowohl positive als auch negative; ein gewisses Maß an Stress ist für den Körper sogar überlebenswichtig. Wird der Stress jedoch chronisch und reißt die damit verbundene Ausschüttung von Stresshormonen nicht ab, kann dies für den Körper schädliche Folgen haben: einen erhöhten Blutdruck, eine verminderte Magen-Darm-Tätigkeit und eine erhöhte Krankheitsanfälligkeit. Widmet man sich dem Problem nicht, können bei Ihrer Katze auch Depressionen auftreten.

Die Strategien zur Stressbewältigung können je nach Katzenpersönlichkeit sehr unterschiedlich ausfallen. Während die eine Katze beispielsweise weniger frisst, da sie ihre Umgebung wachsam im Auge behalten will, frisst die andere als Ersatzbefriedigung vielleicht mehr.

Die Ursachen für den Stress können sich sowohl im Umgang Ihrer Katze mit Menschen als auch in ihrer Umgebung finden; am häufigsten kommt dafür jedoch die Interaktion mit anderen Katzen infrage. Ist Ihre Katze gezwungen, mit sozial inkompatiblen anderen Katzen zusammenzuleben, oder wohnt sie in einer Gegend, in der es zu viele Katzen gibt, wird sie dieses Zusammenleben als Albtraum empfinden.

Leider kann auch der Katzenbesitzer mehr oder weniger unabsichtlich dazu beitragen, dass sich der Stress erhöht. Vielleicht streicheln Sie Ihre Katze zu oft, wenn sie lieber in Ruhe gelassen werden möchte, oder verhalten sich inkonsequent, sodass Ihre Katze unsicher ist, wie sie reagieren soll.

Das eigene Zuhause schließlich ziehen die meisten Katzenbesitzer als Stressursache am wenigsten in Betracht; häufig glauben sie, dass Sicherheit und Liebe alles ist, was ihre Katze braucht. Doch kann Ihre Katze es durchaus auch als stressig empfinden, immer eingesperrt zu sein oder zu wenige Möglichkeiten zu haben, sich zu verstecken.

STRESSSYMPTOME

Zu den potenziellen Stresssymptomen Ihrer Katze gehören die folgenden:

- *Zurückhaltung oder Übermaß beim Fressen, Putzen oder Ausscheiden – je nach Katzenpersönlichkeit*
- *Vermehrtes Schlafbedürfnis oder häufiges Verstecken*
- *Erhöhte Abhängigkeit Ihnen gegenüber oder sozialer Rückzug*
- *Aggressives Verhalten gegenüber anderen Katzen oder Menschen*
- *Extreme Wachsamkeit und Schreckhaftigkeit bei Geräuschen oder Bewegungen*
- *Desinteresse am Spielen*
- *Veränderungen im Verhaltensmuster, etwa vermehrtes Zuhausebleiben*
- *Beschmutzen des Hauses oder Setzen von Duftmarken*

Strategien zur Stressbewältigung

Wenn Sie Ihrer Katze eine Fürsorge angedeihen lassen, die ihre Bedürfnisse sowohl als Spezies als auch als Individuum berücksichtigt, haben Sie die besten Chancen, chronischen Stress zu vermeiden. Denken Sie immer auch daran, dass Sie und Ihre Katze ein unterschiedliches Stressempfinden haben.

Diese Fürsorge umfasst Katzentoiletten, Futternäpfe und Schlafkörbchen in ausreichendem Umfang. Wenn Sie mehrere Katzen haben, sollten Sie jeweils eines davon pro Katze rechnen, plus jeweils ein zusätzliches, und diese an verschiedenen Orten verteilt. Überlegen Sie, wie viele Katzen Sie halten wollen, und ziehen Sie dabei auch in Betracht, wie viele Katzen es in der Nachbarschaft bereits gibt.

Nicht umsonst spricht man von Beziehungsarbeit, und auch die Beziehung zu einem Haustier will gepflegt sein. Wenn Sie dabei auf die spezifischen emotionalen Bedürfnisse Ihrer Katze Rücksicht nehmen, ist das schon der erste Schritt zu einem möglichst stressfreien Miteinander. Selbstbewusste Katzen fordern immer mehr Aufmerksamkeit als scheue. Wenn Sie Ihre Katze nur dann hinauslassen, wenn sie es auch will, kann das dabei helfen, ungewollte Begegnungen mit anderen Katzen zu vermeiden. Lebt Ihre Katze überwiegend in der Wohnung, braucht sie eine abwechslungsreiche Umgebung, um körperlich und geistig fit zu bleiben. In erster Linie muss sie sich wie eine Katze verhalten dürfen. Ahmen Sie, so gut es geht, ihren natürlichen Lebensraum nach, indem Sie ihr beispielsweise Möglichkeiten zum Klettern und Spielen zur Verfügung stellen (siehe S. 112–117).

Es wäre jedoch unrealistisch zu erwarten, alle potenziellen Stressauslöser aus der Umgebung der Hauskatze entfernen zu können. Falls Sie als Besitzer feststellen oder der Tierarzt der Meinung ist, dass Ihre Katze an Stress leidet, bleibt Ihnen nichts anderes übrig, als die Stressursache zu identifizieren und das Problem entsprechend anzugehen. Können dann individuelle Lösungen gefunden werden – etwa eine zusätzliche Katzentoilette oder das Anbringen einer Katzenklappe –, kann dies einen ausgesprochen positiven Effekt auf das Wohlbefinden und Verhalten Ihrer Katze haben.

Spielt Ihre Katze mit einem einstigen Lieblingsspielzeug nun nicht mehr gern, kann dies ein Anzeichen von Stress und damit einhergehendem sozialem Rückzug sein.

Der Schlüssel zur Problemlösung liegt zweifellos in einem besseren Verständnis der Katze als Spezies; dann kann ihr Verhalten entsprechend interpretiert und darüber auf ihren emotionalen Zustand geschlossen werden.

Katze gegen Katze

Es gibt viele Gründe, warum es zu Aggressionen zwischen Katzen, die entweder in einem Haushalt oder in einem Revier leben, kommen kann. Fest steht allerdings, dass es fast unvermeidbar zu Konflikten kommt, wenn zwei Mitglieder einer Spezies einander begegnen.

Da Katzen über den Instinkt des Revierverhaltens verfügen, werden sie dieses auch aktiv gegen potenzielle Eindringlinge verteidigen, um die Ressourcen darin zu schützen, die sie zum Überleben brauchen. Die nun schon Tausende von Jahren während Domestizierung hat dazu geführt, den angeborenen Trieb so weit zu unterdrücken, dass Katzen Schnurrhaar

Katzen müssen sich wie Katzen verhalten dürfen. Wenn sie überwiegend in der Wohnung leben, brauchen sie eine Umgebung, die sie körperlich und geistig fit hält.

Trotz des angeborenen Revierverhaltens können Katzen durch Domestizierung durchaus friedlich nebeneinander leben. Sie verwenden Duftmarken, Körpersprache und Stimme, um andere Katzen auf Distanz zu halten.

an Schnurrhaar nebeneinander existieren können. Katzen, die nicht ausschließlich in der Wohnung leben, führen regelmäßige Kontrollgänge durch ihr Revier durch und hinterlassen dabei Duftmarken, die viele Konflikte ohne tätliche Auseinandersetzung lösen. Ein Großteil der Kommunikation der Katzen untereinander – durch Geruch, Körpersprache und Stimme – dient dem Vermeiden von Kämpfen und der Wahrung der Distanz.

Bei Revierstreitigkeiten geht es allerdings nicht immer nur um die Nachbarskatze. Leben viele Katzen gemeinsam in einem Haushalt, müssen diese den vorhandenen Platz untereinander aufteilen. Häufig bilden sich dabei Cliquen oder Splittergruppen, die einander, wenn irgend möglich, aus dem Weg gehen. Das bedeutet jedoch nicht, dass Dinge von Zeit zu Zeit nicht auch einmal klargestellt werden müssten, beispielsweise wer Zugang zu welcher Ressource hat und wann. Dann kann es durchaus vorkommen, dass eine Katze aus taktischen Gründen auf die psychologische Kriegsführung des Terrorisierens zurückgreift.

Solche potenziellen Tyrannen gibt es in jeder Gruppe mit mehreren Katzen; alles, was sie brauchen, ist ein Opfer. Dieses »outet« sich dadurch, dass es besonders stark oder ängstlich auf die Drohgebärden reagiert. Das wiederum stachelt den Tyrannen an. Einige gehen dabei sogar so weit, dass sie das Opfer aus dem gemeinsamen Haushalt vertreiben wollen. Auf jeden Fall entwickeln die Opfer aufgrund des fortgesetzten Terrors stressbezogene Symptome und Erkrankungen.

Weitverbreitete Konflikte zwischen Katzen

Abgesehen von der Verteidigung des Reviers trachten selbstbewusstere Katzen manchmal auch danach, ihr Revier zu vergrößern, und das meist auf Kosten weniger selbstbewusster Katzen. Wenn es Katzen aus irgendwelchen Gründen nicht gelingt, ihr Revier zu verteidigen, könnte das dazu führen, dass sie das Haus fast gar nicht mehr verlassen, weil sie jede Bewegung außerhalb der schützenden Mauern als zu gefährlich erachten. Dann stellt die Katzenklappe oder sogar eine offene Tür oder ein offenes Fenster eine unausgesprochene Einladung an potenzielle Eindringlinge dar, worauf die eingeschüchterte Katze mit Aggression reagiert. Dringt tatsächlich einmal eine fremde Katze ins Haus ein, trifft diese überraschenderweise auf keinerlei Widerstand vonseiten des dort ansässigen Tiers – allerdings nicht aus Freude über den Besuch, sondern aus Angst. Solche Übergriffe können natürlich auch zu Reibungen unter den Mitgliedern eines Mehr-Katzen-Haushalts führen; vielleicht kommen dann unterschwellige Konflikte erst richtig zum Ausbruch. Einen ähnlichen Effekt kann die schiere Überbevölkerung an Katzen in der Gegend haben, deren bloße Gegenwart schon als Bedrohung empfunden wird.

Zu Konflikten kommt es ebenfalls, wenn die einzelnen Mitglieder eines Mehr-Katzen-Haushalts sozial nicht zueinander passen. Dann zieht sich eine der Katzen die meiste Zeit über vielleicht in einen einzigen Raum zurück, während sich die anderen Katzen das frei gewordene Revier untereinander aufteilen. Gibt es keine Rückzugsmöglichkeit, kommt es zu offenen Aggressionen. Je nach genetischer Veranlagung, Geschlecht und Erfahrungen sind manche Katzen kampfbereiter als andere.

Ein trächtiges Weibchen oder eine Mutter, die ihre Jungen beschützt, stellt ebenfalls eine potenzielle Konfliktsituation dar. Spannungen treten in solchen Situationen auch auf, weil ein Teil der Katzen sterilisiert ist und ein anderer Teil nicht. Zusätzlich belastet werden die diplomatischen Beziehungen natürlich durch rollige Weibchen.

Weitere Konflikte

Manchmal brechen in Katzengruppen offene Konflikte aus, wenn etwas außerhalb der Gruppe als Bedrohung empfunden wird oder die Gruppe sich in ihrer Zusammensetzung verändert.

TERRORANZEICHEN

Zu den Anzeichen, dass Ihre Katze von anderen terrorisiert wird, gehören die folgenden:

- *Starrer Blick*

- *Das Wegschubsen anderer Katzen, um z. B. zu einem Schlafplatz zu gelangen*

- *Das Angreifen einer Katze, während diese schläft*

- *Das Blockieren von Durchgängen*

- *Das Blockieren des Zugangs z. B. zur Katzentoilette*

Katzen verfügen über einen ausgeprägten Überlebensinstinkt, zu dem auch der Kampf-oder-Flucht-Reflex gehört. Der Körper schüttet Adrenalin aus und fördert die Durchblutung der Muskeln, um sich auf eine der beiden Reaktionen vorzubereiten. Der Reflex kann auch durch ein lautes Geräusch, eine plötzliche Bewegung oder den Anblick einer fremden Katze durch ein Fenster ausgelöst werden, wobei sich der »Angriff« dann allerdings gegen alles richten kann, was nicht schnell genug aus dem Weg ist – auch gegen einen eigentlich vertrauten Hausgenossen. Leider kann dies zu anhaltend schlechten Beziehungen zwischen den betroffenen Parteien führen.

Es ist ganz normal, dass sich Katzen gegen Veränderungen in der Gruppe sträuben, vor allem wenn es sich dabei um das Hinzukommen einer weiteren – und geschlechtsreifen – Katze handelt. Zu den Aggressionsauslösern können auch Erkrankungen innerhalb der Gruppe gehören, die mit Geruchs- oder Verhaltensveränderungen einhergehen. Erhält ein Tier den Gruppengeruch aufrecht – durch Kontakt mit allen anderen Tieren – oder ist ein Individuum so dominant, dass ein Aufbegehren zwecklos wäre, scheint äußerlich alles in Ordnung zu sein. Stirbt dieses Tier aber, muss ein neuer Status quo geschaffen werden und sich jede Katze innerhalb der Gruppe neu behaupten.

Wenn eine oder mehrere Katzen der Gruppe sich plötzlich unangemessen oder inakzeptabel verhalten, ist dies ein erstes Anzeichen dafür, dass innerhalb der Gruppe etwas nicht stimmt. Vielleicht setzt eine Katze plötzlich vermehrt Duftmarken oder zerkratzt die Möbel. Ausgeschlossen werden muss in diesem Fall eine stressbedingte Erkrankung wie etwa die Feline Idiopathische Zystitis (FIC, eine durch einen Virus hervorgerufene Blasenentzündung), eine Bindehautentzündung sowie chronisch entzündliche Darmerkrankungen. Die Blasenentzündung ist sehr schmerzhaft und tritt bei Stress vermehrt auf. Chronisch entzündliche Darmerkrankungen sind bei Katzen relativ weit verbreitet; auch ihre Symptome verstärken sich bei Stress deutlich.

Frieden stiften

Wenn Sie mehrere Katzen besitzen und Ihnen eines Tages auffällt, dass es zu vermehrten Aggressionen zwischen den Tieren kommt, müssen Sie die Ursachen dafür ausfindig machen und wenn möglich beseitigen.

Liegt der Auslöser der Aggressionen darin, dass die Katzen untereinander nicht zurechtkommen bzw. stän-

RUPERT & BADGER

Der arme Badger war zur falschen Zeit am falschen Ort. Sein Freund Rupert hatte am Fenster gesessen und plötzlich Flossie, die Nachbarskatze, im Garten entdeckt. Umgehend rüstete er sich zum Kampf und verfolgte jede noch so kleine von Flossies Bewegungen. Mittlerweile hatte Badger Hunger bekommen und war auf dem Weg in die Küche. Dort saß allerdings auch der elektrisierte Rupert, der herumfuhr und den armen Badger mit einiger Grausamkeit angriff. Badger flüchtete ins Schlafzimmer, um über die Episode nachzudenken. Noch Wochen danach begegneten die beiden Katzen einander mit höchstem Respekt und ausgesprochen kühl, doch mittlerweile sind sie wieder die besten Freunde. Das hätte auch anders ausgehen können: Vielleicht hätte man die beiden Katzen sogar für immer voneinander trennen müssen.

dig miteinander konkurrieren, sollten Sie ihnen zusätzliche Ressourcen zur Verfügung stellen, die Kämpfe überflüssig machen. Auszuschließen ist leider nicht, dass das Tischtuch bereits zerschnitten ist und Sie vielleicht ein neues Zuhause für eine oder mehrere der Katzen finden müssen. Versuchen Sie jedoch zunächst, Frieden zu stiften.

Ressourcen strategisch verteilen

Alle Ressourcen Ihrer Katze(n) – Fressnäpfe, Wasserschalen, Katzentoiletten, Schlafkörbchen, Spielzeug, Kratzbäume, erhöhte Liegeplätze und Rückzugsorte – sollten in dem Maß vorhanden sein, dass jedes Tier jeweils eine davon hat und dass außerdem von jeder Ressource noch eine zusätzli-

Treten Spannungen zwischen zusammenlebenden Katzen auf, kann die Anpassung der Umgebung den Konflikt lösen. Bei Futterneid etwa helfen häufigere kleinere Mahlzeiten.

che vorhanden ist. Verteilen Sie die Dinge zudem an verschiedenen Orten, damit die Katzen sehen, dass genügend davon vorhanden sind. Wenn Sie einzelne Splittergruppen identifizieren konnten (siehe S. 83–87) und zu Hause wenig Platz haben, könnten jeweils eine Ressource pro Gruppe plus eine zusätzliche ausreichend sein. Um ein Gefühl des Überflusses zu erzeugen, können Sie an verschiedenen Orten Trockenfutter auslegen; dann können sich die Tiere außerdem selbst entscheiden, wann sie fressen wollen. Mit Nassfutter können Sie ähnlich verfahren, wenn Sie mehrere kleinere Mahlzeiten pro Tag zur Verfügung stellen, um auf diese Weise Konkurrenzsituationen zu vermeiden. Stellen Sie die Näpfe so auf, dass keine Katze der anderen den Rücken zudrehen muss. Gefüllte Wasserschalen sollten ebenfalls reichlich vorhanden sein und vom Fressnapf entfernt aufgestellt werden.

Auch wenn die Katzen nach draußen gehen, sollten Sie drinnen eine oder mehrere Katzentoiletten aufstellen. Dann haben die Tiere die Möglichkeit, ihr Geschäft in Sicherheit zu verrichten. Wenn es irgendwie praktikabel ist, empfehlen sich auch zwei verschiedene Einlass- bzw. Auslassmöglichkeiten, etwa durch Katzenklappen, Türen oder Fenster; auf diese Weise kann auch die scheueste Katze ungehindert aus dem Haus oder in das Haus gelangen.

Kratzbäume stellen Sie am besten in der Nähe des Eingangs, in der Nähe von Körbchen oder bei Futternäpfen auf; dort ist das Konkurrenzverhalten erfahrungsgemäß am ausgeprägtesten. Katzen benutzen den Kratzbaum auch, um anderen Katzen ihre territorialen Ansprüche zu vermitteln. Außerdem beobachten sie gern etwas aus der Höhe, da sie sich dort sicher fühlen; stellen Sie auch solche Plätze ausreichend zur Verfügung. Ebenso wichtig sind Rückzugsorte, wo die Tiere ungestört schlafen oder dösen können.

Wachsen sich Aggressionen zu offenen Kämpfen zwischen zwei Katzen aus, trennen Sie die beiden Streithähne für 24 bis 48 Stunden, dann sollten sie sich beruhigt haben. Ist das nicht der Fall, muss die Trennung länger dauern; vielleicht müssen die Tiere einander anschließend auch wie völlige Fremde neu vorgestellt werden – Hinweise dazu finden Sie auf den Seiten 191 bis 193.

Rückkehr vom Tierarzt

Zu solchen Aggressionen kann es auch kommen, wenn der Katzenbesitzer darauf überhaupt nicht vorbereitet ist. Ein typisches Beispiel ist die Reaktion der Gruppe auf die Rückkehr eines Mitglieds vom Tierarzt. Katzen kommunizieren überwiegend über den Geruchssinn miteinander; der vertraute Gruppengeruch schweißt die Tiere zusammen. Kommt eine Katze aber vom Tierarzt zurück, hat sie viele fremde – und unangenehme – Gerüche angenommen, die dem Rest der Gruppe bedrohlich vorkommen. Das kann dramatische Reaktionen hervorrufen und möglicherweise sogar

Gegenüber Wo immer das praktikabel ist, sind getrennte Ein- und Ausgänge für die Katzen anzuraten, da sich die Tiere dann gegebenenfalls aus dem Weg gehen können.

dazu führen, dass die Gruppe einen der ihren nicht wiedererkennt. Um sicherzugehen, dass dies nicht geschieht, sollten Sie die betreffende Katze für mindestens zwölf Stunden von den anderen getrennt halten; durch das Putzen wird sie den Gruppengeruch rasch wieder annehmen. Sie können das durch Streicheln noch unterstützen – zu viel Aufmerksamkeit wird den Patienten allerdings eher traumatisieren. Lassen Sie sich vom Tierarzt beraten, welche Nachsorge angebracht ist.

Die despotische Katze

Einige Revierstreitigkeiten überschreiten das Maß dessen, was die meisten Katzenbesitzer noch als akzeptabel bezeichnen würden. Die betreffenden Tiere werden dann oft als despotisch beschrieben, weil sie ihr Revier nicht nur verteidigen, sondern vergrößern wollen.

Solche Despoten wagen sich in Häuser, die über ein größeres Gebiet verteilt sind, greifen die dort ansässigen Katzen – und auch die Besitzer, wenn diese ihnen in die Quere kommen – an und hinterlassen überall ihre Duftmarken. Die Opfer wehren sich kaum, da der Despot sie sich sehr genau ausgesucht hat: Meistens handelt es sich dabei um ältere, kranke, schwache oder sehr scheue Tiere. In jüngster Zeit sind die Täter immer mehr Rassekatzen wie die Burma- oder die Bengalkatze, und zwar überwiegend unkastrierte Kater.

Der Besitzer der terrorisierten Katze ist meist empört über die Vorfälle und fordert den Besitzer des Übeltäters auf, entsprechende Konsequenzen zu ziehen – in der Annahme, die Verantwortung läge allein bei diesem. Während es stimmt, dass unbedingt Maßnahmen ergriffen werden müssen, liegt die Verantwortung allerdings auch beim Besitzer der eingeschüchterten Katze. Offensichtlich ist diese nicht in der Lage, Angreifer abzuwehren oder ihr Revier zu verteidigen; also muss der Besitzer sein Eigentum schützen.

Umstritten ist, ob ein solches despotisches Verhalten für die Spezies normal ist. Unumstritten sind Katzen jedoch Tiere mit einem angeborenen Revierverhalten – und dazu gehört auch der Versuch, die Grenzen des Reviers zu erweitern. Im Zuge der Domestizierung versucht man seit Tausenden von Jahren, Hauskatzen ihr natürliches Revierverhalten abzutrainieren, damit sie in enger Nachbarschaft mit anderen Katzen leben können. Inwieweit das gelin-

ZORRO

Zorro war eine Bengalkatze mit einem Herz für Menschen – aber nicht für andere Katzen. Tagein, tagaus terrorisierte er die Katzen in der Nachbarschaft und hatte eines Tages mehr Glück als Verstand, als eine ältere Dame ihre Katze in der eigenen Küche zu beschützen versuchte und Zorro dabei ernsthaft verletzte. Man informierte seine Besitzerin, Julia, und verlangte von ihr, Zorro der Straße fernzuhalten; sie sperrte ihn tatsächlich eine Woche lang zu Hause ein, in der Hoffnung, dass er sich an sein Gefängnis gewöhnen würde. Leider war das nicht der Fall – stattdessen setzte Zorro im ganzen Haus Duftmarken. Schließlich einigte man sich darauf, überall »Einbahnkatzenklappen« anzubringen und Zorro nur nachts nach draußen zu lassen, wenn die anderen Katzen sicher zu Hause schliefen. Gelöst werden konnte das Problem jedoch nur durch einen Umzug: Julia und Zorro zogen in eine weniger dicht besiedelte Gegend, in der Zorro nach Herzenslust umherstreifen konnte.

gen kann, ist immer eine Frage des Ausmaßes; im Grunde sollten Katzenbesitzer auf der ganzen Welt froh sein, dass es nicht öfter und ernsthafter zu Revierstreitigkeiten zwischen ihren Haustieren kommt.

Mit einem Despoten leben

Zunächst muss festgestellt werden, ob die Katze einen Besitzer hat und sterilisiert ist. Gibt es augenscheinlich keinen Besitzer, sollte das örtliche Tierheim informiert werden.

Kann ein Besitzer ausgemacht werden und finden die Übergriffe vornehmlich nachts statt, sollte der Besitzer den kleinen Despoten wenn möglich nachts einsperren. Nach Hause locken kann er das Tier abends bei-

Besitzer von despotischen Katzen sollten ihre Tiere zu bestimmten Zeiten im Haus einsperren, damit die anderen Katzenbesitzer ihre Tiere zu dieser Zeit sicher hinauslassen können.

spielsweise mit einem besonders beliebten Leckerli, das es nur zu dieser Zeit bekommt. Finden die Übergriffe tagsüber statt, sollte man das Tier logischerweise am Tag einsperren. Informieren Sie alle infrage kommenden Nachbarn darüber, damit diese wissen, wann ihre Katzen sicher sind. Bringen Sie außerdem ein Glöckchen am Halsband des Despoten an, damit die Nachbarn ihn kommen hören und rechtzeitig Vorsichtsmaßnahmen ergreifen können.

Der Besitzer der tyrannisierten Katze sollte die Katzenklappe blockieren und Fenster sowie Türen, durch die der Eindringling hereingekommen ist, verschließen. Wenn möglich, sollte auch der Weg durch den Garten blockiert werden. Begleiten Sie Ihre Katze nach draußen, wenn sie nach draußen will, stellen Sie vorsorglich aber auch im Haus eine Katzentoilette auf. Wenn Ihre Katze lieber allein nach draußen will, sollten Sie eine »Einbahnkatzenklappe« installieren (siehe S. 119); doch leider ist auch dies noch keine Garantie dafür, dass die fremde Katze sich nicht trotzdem Zugang zum Haus verschafft.

Der übergriffigen Katze sollten im Haus möglichst viele Zerstreuungsmöglichkeiten geboten werden, da das plötzliche Eingesperrtsein unangenehm für sie ist. Bereiten Sie ihr viele warme Schlafplätze, damit sie die Zeit im Haus verschlafen kann. Spielen Sie auch so oft wie möglich mit ihr, um überschüssige Energie abzubauen – insbesondere am frühen Morgen und am Abend, wenn sie normalerweise am aktivsten ist.

Bereiten Sie Ihrer despotischen Katze überall im Haus warme Schlafplätze, damit sie die Zeit des Eingesperrtseins verschlafen kann. Spielen Sie oft mit ihr – dann kann sie ihre überschüssige Energie abarbeiten.

Manche despotischen Katzen halten allerdings unerbittlich an ihrem Verhalten fest, sodass die einzige Möglichkeit, das Problem zu lösen, darin besteht, umzuziehen oder die Katze in ein neues Zuhause in einer Gegend zu geben, in der es nicht so viele andere Katzen gibt.

Unsaubere Katzen

Unsaubere Katzen beschmutzen das Haus, indem sie überall Urin oder Fäkalien hinterlassen. Dieses Problem ist eines der häufigsten, mit denen Tierärzte und Tierpsychologen konfrontiert werden.

Dabei können die Mengen des hinterlassenen Urins erheblich variieren. Normalerweise urinieren Katzen auf horizontale Flächen, manchmal aber auch gegen vertikale, was dem Setzen einer Duftmarke näher kommt. Die Ursache für dieses Benehmen liegt meist in einer Vielzahl von Faktoren begründet, oft leidet die Katze jedoch auch unter Stress. Zu den häufigeren Ursachen gehören die folgenden:

Fehlendes Toilettentraining Vielleicht hat es Ihre Katze als Jungtier nicht gelernt, lose Materialien wie Erde oder Katzenstreu zu benutzen. Dann wird sie jedes Mal zögern, sich in die Katzentoilette zu setzen, und stattdessen lieber andere Bereiche des Hauses aufsuchen.

Der Lieblingsplatz im Freien ist unbenutzbar Vielleicht sucht sich Ihre Katze aber auch einen Platz im Freien, um ihr Geschäft zu verrichten. Das kann durchaus auch in Nachbars Garten sein. Verändert sich dort etwas – die Nachbarn schaffen sich einen Hund an, ein neues Blumenbeet wird angelegt o. Ä. –, zieht Ihre Katze es möglicherweise vor, sich in die relative Sicherheit des Hauses zurückzuziehen.

Terror vonseiten anderer Katzen Es ist auch möglich, dass sich Ihre Katze draußen generell unsicher fühlt, wenn sie dort unangenehme Begegnungen mit anderen Katzen hatte oder Revierstreitigkeiten austragen muss. Bei der Verrichtung ihres Geschäfts sind Katzen natürlich besonders schutzlos und angreifbar.

Spannungen in einem Mehr-Katzen-Haushalt Leben mehrere Katzen in einem Haushalt, kann es vorkommen, dass ein Tyrann darunter ist, der den Zugang zur Katzentoilette blockiert.

Aversion gegen die Platzierung der Katzentoilette Katzen benutzen Katzentoiletten, die an einem ihnen unangenehmen Ort stehen, nur ungern. Stellen Sie die Toilette nicht zu nah am Futternapf, an einem großen Fenster, in der Nähe der Katzenklappe, in einem Durchgangsbereich oder an lauten Orten auf.

Aversion gegen die Katzenstreu   Manche Katzen sind besonders anspruchsvoll, wenn es um die Katzenstreu geht, und lehnen Materialien wie Holzpellets, Kieselerdegranulat oder stark parfümierte Produkte ab. Unangenehm können auch mit Plastikfolie ausgelegte Katzentoiletten sowie spezielle »Erfrischungssteine« sein. Katzen haben es gern sauber, aber übertreiben Sie es nicht.

Aversion gegen das Modell der Katzentoilette   In Katzentoiletten mit Deckel, die nur über einen Ein- und Ausgang verfügen, können sich Katzen regelrecht gefangen fühlen, was sie natürlich davon abhält, die Toilette zu benutzen. Außerdem hält sich in diesen Modellen der unangenehme Geruch länger. Vielleicht ist die Katzentoilette für Ihre Katze auch zu klein.

Unangenehme Erfahrungen mit der Katzentoilette   Unangenehme Erfahrungen im Zusammenhang mit der Katzentoilette können Ihre Katze ebenfalls davon abhalten, die Toilette zu benutzen. Dazu gehören ein lautes Geräusch oder der Versuch, der Katze zu diesem Zeitpunkt Medikamente zu verabreichen.

Medizinische Probleme   siehe S. 152f.

Beliebte Orte

Vermutlich sucht sich Ihre Katze Ecken im Haus aus, die etwas Deckung bieten: hinter dem Fernseher oder auf weichen Oberflächen wie Bettdecken oder Sofakissen. Hat sie ein gemütliches Eckchen gefunden, wird sie immer wieder dorthin zurückkehren. Sollte Ihre Katze ihr Geschäft auf

Wenn Ihre Katze die Katzentoilette plötzlich nicht mehr benutzt, hat das auf jeden Fall seinen Grund. Sie wird sich nun versteckte oder weiche Orte wie Betten oder Sofakissen suchen.

einem Ihrer Kleidungsstücke verrichten, sollten Sie das nur im positiven Sinn persönlich nehmen – die Kleidung riecht nach Ihnen und vermittelt Ihrer Katze ein Gefühl der Sicherheit und Vertrautheit.

Seien Sie wachsam

Wenn Sie feststellen, dass Ihre Katze dieses Problem hat, ist es hilfreich, so viele Informationen wie möglich – auch über Art und Häufigkeit des Urinierens – zu sammeln, die dem Tierarzt Anhaltspunkte bieten können. Behalten Sie Ihre Katze möglichst unauffällig im Auge. Hat der Urin einen leicht rötlichen Ton, ist vielleicht etwas Blut beigemischt; sehr dunkler, orangefarben bis brauner Urin deutet darauf hin, dass er stark konzentriert ist. Riecht der Urin ausgesprochen stechend, auch wenn er frisch ist, liegt vielleicht ein Infekt vor. Scheidet Ihre Katze eine unverhältnismäßig große Menge an Urin aus, hat sie möglicherweise eine Blasenentleerungsstörung, die durch Angst, Stress oder Unbehagen hervorgerufen wird. Normaler Urin ist blassgelb und klar.

Treten Probleme auf, sollten Sie Ihre Katze im Auge behalten. Die Art des Urins gibt Aufschluss über mögliche gesundheitliche Ursachen der Probleme; gesunder Urin ist hellgelb und nicht trüb.

Mit unsauberen Katzen umgehen

Zunächst einmal muss ausgeschlossen werden, dass das Verhalten Ihrer Katze eine medizinische Ursache hat. Ist dies nicht der Fall, reagiert Ihre Katze möglicherweise auf eine für sie stressige Situation.

Schmerz und Unbehagen können das diesbezügliche Verhalten Ihrer Katze beeinflussen; ist es für sie aus irgendeinem Grund schmerzhaft, die Katzentoilette zu benutzen, wird sie dies nicht tun. Zudem verwendet sie Urin und zu einem geringeren Grad auch Fäkalien, um ihr Revier oder bestimmte Gegenstände von territorialer Bedeutung zu markieren; ohne professionelle Hilfe ist es allerdings schwierig zu beurteilen, ob ihre Katze markiert oder einfach nur Darm bzw. Blase entleert.

Doch selbst wenn Sie die Ursache für das Verhalten nicht eindeutig bestimmen können, stehen Ihnen Maßnahmen zur Verfügung, die keinesfalls schaden, den Stress für Ihre Katze reduzieren und ihr ein Gefühl von Sicherheit vermitteln. Auch wenn Ihre Katze jederzeit freien Zugang nach draußen hat, sollten Sie im Haus nun eine attraktive und sichere Katzentoilette aufstellen – und was für Ihre Katze attraktiv ist, bestimmt sie selbst.

Beweismaterial entfernen

Ist das Unglück einmal geschehen, sollte die Unfallstelle so gründlich wie möglich gereinigt werden, damit Ihre Katze durch den Geruch nicht erneut dorthin gezogen wird. Dabei ist die Reinigung keinesfalls immer leicht: Hat sich Ihre Katze beispielsweise das Sofa ausgesucht, dringt der Urin auch in tiefere Schichten vor und hinterlässt dort seinen verräterischen Geruch. Ist der Teppich betroffen, sollten Sie den am besten wegwerfen – was einem bei einem nicht ganz billigen Perser vielleicht schwerfallen mag. Versuchen Sie es also zunächst mit Teppichreiniger und reinigen Sie auch den Boden darunter gründlich mit einem für Haustiere ungefährlichen Desinfektionsmittel.

Machen Sie die Stelle anschließend – so weit möglich – für die Katze unzugänglich: Schließen Sie die Tür, stellen Sie ein Möbelstück um oder platzieren Sie einen Karton auf der betroffenen Stelle. Abschreckmittel wie Pfeffer, Zitronenschale o. Ä. empfehlen sich nicht, da Ihre Katze dann möglicherweise einfach eine neue Stelle aufsucht.

Katzentoilette und Streu überdenken

Wie viele Katzentoiletten Sie aufstellen, hängt von der Anzahl der Katzen, die in Ihrem Haus leben, ab (siehe S. 137–139). Verteilen Sie sie so, dass jede Katze gut herankommt; das verhindert, dass der Zugang von einer besonders herrischen Katze blockiert wird. Am sichersten fühlen sich die Tiere, wenn die Katzentoilette auf mindestens zwei Seiten durch eine Wand oder ein Möbelstück abgeschirmt wird. Wie bereits erwähnt, gibt es auch Modelle mit Deckel, die allerdings noch lange nicht von jeder Katze angenommen werden.

Die Katzentoilette sollte auf jeden Fall so groß sein, dass Ihre Katze sich bequem darin umdrehen und sich ihren Ort sorgfältig aussuchen kann. Hat Ihre Katze die Angewohnheit, sich beim Urinieren etwas zu erheben, also eine ähnliche Stellung wie beim Setzen von Duftmarken einzunehmen, sollten Sie eine Katzentoilette mit erhöhtem Rand wählen. Die Streu hat idealerweise eine feine, sandartige Konsistenz und ist parfümfrei. Empfehlenswert ist auch Streu, die bei Feuchtigkeit Klumpen bildet; auf diese Weise kann der betroffene Bereich bequem und schnell gereinigt werden. Die meisten Katzen bevorzugen eine etwa drei Zentimeter dicke Streuschicht, damit sie etwas graben können. Leeren Sie die Katzentoilette einmal in der Woche komplett, reinigen Sie sie mit mildem Spülmittel und heißem Wasser und füllen Sie sie anschließend mit frischer Katzenstreu; so bleibt sie hygienisch unbedenklich, ist aber nicht so sauber, dass sie Ihrer Katze fremd vorkommt.

PIPS ZUGBRÜCKE

Pip begann, in der Küche Duftmarken zu setzen, nachdem sein Besitzer dort eine Katzenklappe installiert hatte. Durch diese war die Nachbarskatze hereinspaziert und hatte Pip sein Futter weggefressen. Pips Herrchen, Jonathan, hatte die Klappe angebracht, damit Pip das Haus verlassen konnte, wann er wollte. Nun entfernte Jonathan die Klappe wieder und brachte stattdessen dicke Bretter an beiden Seiten der Tür an, um den Eindruck einer Festung hervorzurufen. Die markierten Flächen reinigte Jonathan gründlich, außerdem unterhielt er Pip durch häufiges Spielen und mehrere kleine Mahlzeiten am Tag. Pip konnte Jonathan tagsüber in seinem Arbeitszimmer besuchen – und dort auch durch das Fenster das Haus verlassen. Danach war Pip wieder ganz der Alte und setzte fortan keine Duftmarken mehr.

Duftmarken setzen

Duftmarken zu setzen gehört zum Revierverhalten der Katze; dabei spritzt sie etwas Urin gegen vertikale Flächen, manchmal auch auf horizontale.

Die Katze positioniert sich stehend mit dem Hinterteil an der auserwählten Fläche und hält den Schwanz ganz aufrecht. Dann beginnt sie, mit den Hinterpfoten zu treten, während sie gleichzeitig etwas Urin an der Wand oder dem Gegenstand hinterlässt. Die Schwanzspitze zuckt oder zittert dabei leicht. Manchmal setzen Katzen auch Duftmarken auf horizontalen Flächen, dann allerdings im Sitzen. Studien zufolge kann eine andere Katze riechen, ob der Urin stehend oder sitzend abgegeben wurde; man vermutet, dass in letzterem Fall die Afterdrüsen beteiligt sind. Dann hat der Urin auch eine öligere Konsistenz. Die Orte wählt die Katze je nach territorialer Bedeutung aus.

Unter den passenden Umständen ist jede Katze – Männlein oder Weiblein, sterilisiert oder nicht – dazu in der Lage, Duftmarken zu setzen. Bei sexuell aktiven Männchen und Weibchen spricht die Duftmarke eine Einladung aus und zeigt an, dass das Tier paarungsbereit ist. Bei sterilisierten Katzen ist genau das Gegenteil der Fall: Diese Tiere kommunizieren über die Duftmarke, dass dies hier ihr Revier ist und dass ihnen keine andere Katze zu nahe kommen möge. Die Frische verweist auf den Zeitpunkt der Markierung und damit darauf, ob es sicher ist, das Terrain jetzt zu betreten.

In ihrer häuslichen Umgebung sollte Ihre Katze kein Bedürfnis verspüren, eine Duftmarke zu setzen. Hier sollte sie sich absolut sicher fühlen, die Reviergrenzen sollten klar sein. Treten jedoch Spannungen innerhalb einer Gruppe von Katzen auf oder fühlt eine Katze sich bedroht, versucht sie möglicherweise, den Konflikt durch Markieren zu lösen. Die Markierungen konzentrieren sich dann auf Bereiche, an denen die Katze sich besonders angreifbar fühlt. Vielleicht versucht Ihre Katze aber auch, dadurch Ihre Aufmerksamkeit zu erregen. Für ihr Verhalten kommen dementsprechend mehrere Ursachen infrage, denen auf jeden Fall auf den Grund gegangen werden sollte.

Duftmarken an vertikalen Flächen zu setzen gehört zum Revierverhalten der Katze. Studien zufolge können Katzen riechen, ob die Marke im Stehen oder im Sitzen gesetzt wurde.

Mit dem Problem umgehen

Zunächst ist es wichtig, den Bereich zu identifizieren, den Ihre Katze markiert hat, da dieser bereits Aufschluss darüber gibt, was den Stress für Ihre Katze ausgelöst hat.

Hat sie die Duftmarke beispielsweise in der Nähe einer Katzenklappe, eines Fensters oder einer Tür gesetzt, liegt die Ursache des Problems wahrscheinlich außerhalb des Hauses. Befindet sich die Duftmarke dagegen an einer Innenwand oder an einem Türrahmen, lauert der Feind meist *im* Haus; möglicherweise bestehen dann Spannungen zwischen den Mitgliedern eines Mehr-Katzen-Haushalts. Darüber hinaus ist es wichtig, die verantwortliche Katze zu identifizieren – nicht jede Duftmarke wird in Anwesenheit des Besitzers gesetzt. Sehr unsichere Katzen reagieren damit vielleicht auf Veränderungen in der Umgebung – neue Möbel oder eine Baustelle vor dem Haus –, insbesondere dann, wenn sie überwiegend im Haus leben. Meist steckt jedoch noch ein weiteres Problem – häufig eine andere Katze – dahinter; auch das sollte geklärt werden.

Sicherheitsmaßnahmen

Den Auslöser zu identifizieren und zu beseitigen, ist wichtig zur endgültigen Lösung des Problems, doch können in der Zwischenzeit auf alle Fälle Maßnahmen ergriffen werden, um Ihrer Katze mehr Sicherheit zu vermitteln. Dann wird sie weniger das Bedürfnis verspüren, Duftmarken zu setzen. Wenn Sie je nach Art und Weise sowie Platzierung der Duftmarke den Verdacht hegen, dass der Stressfaktor außerhalb des Hauses liegt, sollten Sie zunächst alle bodenlangen Vorhänge, die von Ihrer Katze markiert werden, entfernen oder zumindest vorübergehend hochbinden. Da jedoch auch große Glasscheiben für Ihre Katze bedrohlich sein können – dadurch sieht sie vielleicht andere Katzen, die dem Haus viel zu nahe kommen –, sollten Sie diese im unteren Bereich mit lichtdurchlässiger Folie bekleben, hinter der Ihre Katze in Deckung gehen kann. Richten Sie ihr stattdessen hoch gelegene Plätze in der Nähe des Fensters ein, von denen aus sie die Umgebung mit der größtmöglichen Sicherheit im Auge behalten kann.

Säubern Sie den markierten Bereich mit einer Lösung aus biologisch abbaubarem Waschmittel und warmem Wasser im Verhältnis 1 zu 10. Spülen Sie gut mit klarem Wasser nach und sprühen Sie die Fläche mit etwas Spiritus ein, damit kein Geruch zurückbleibt, der Ihre Katze dazu einlädt, die Stelle erneut zu markieren.

Stellen Sie eine sichere Katzentoilette im Haus auf. Sollten Sie mehrere Katzen besitzen, rechnen Sie eine Toilette pro Katze plus eine zusätzliche und verteilen Sie diese an mehreren Orten. Stellen Sie an den Orten, die Ihre Katze markiert hat, einen Futternapf auf – auch das schafft positive neue Assoziationen. Liegt das Problem innerhalb einer Gruppe, sollten allen Katzen genügend Ressourcen – Futternäpfe, Schlafkörbchen, Kratzbäume – zur Verfügung stehen, um ihre Bedürfnisse zu befriedigen; nur dann vermeidet man Konkurrenzsituationen. Falls möglich, sollten zwei Ein- und Ausgänge vorhanden sein, damit einer nicht von einer herrschsüchtigen Katze blockiert werden kann. Ist die Katzenklappe, durch die sich eine fremde Katze Zugang verschafft hat, die Ursache des Problems, ist

es vielleicht nötig, diese vorübergehend zu verschließen und die Katze auf ihren Wunsch hin aus der Tür oder einem Fenster hinauszulassen.

Präparate mit synthetischen Pheromonen (siehe S. 127) können Ihrer Katze dabei helfen, ihr Gefühl der Sicherheit wiederzuerlangen. Es gibt sie als Spray oder elektrische Apparate, die Sie in die Steckdose stecken und die in regelmäßigen Abständen automatisch sprühen. Besprechen Sie sich mit dem Tierarzt darüber, welche Präparate infrage kommen.

Ihre Katze »umprogrammieren«

Es ist nicht einfach, den Teufelskreis aus Angst und dem Setzn von Duftmarken zu durchbrechen. Manchmal läuft die Katze vor dem Markieren von Fenster zu Fenster und gibt dabei Laute von sich. Ein solches »Ritual« kann man ihr nur schwer wieder abgewöhnen. Versuchen Sie auf jeden Fall, sich dann intensiv mit ihr zu beschäftigen und sie z. B. zum Spielen anzuregen; das lenkt sie vielleicht ab. Katzen haben auch, was das Spielzeug betrifft, ihre ganz eigenen Vorlieben; nehmen Sie also eins, mit dem Sie mit Sicherheit die Aufmerksamkeit Ihrer Katze erregen. Kurze »Spielsessions« mag sie vermutlich lieber als einen wahren Marathon. Ein Spielzeug an einer Schnur oder Angel ist besonders aufregend, da es natürliche Beute simuliert; lenken Sie sie damit ab und locken Sie sie von dem Ort weg, an dem sie ihre Duftmarke gesetzt hat.

Ursache für das Setzen von Duftmarken kann auch ein Gefühl der Unsicherheit sein. An erhöhten Plätzen, von denen aus sie sicher die Umgebung beobachten können, fühlen sich Katzen dagegen sicher.

Medizinische Ursachen

Als Ursachen für vermehrten Durst und Harndrang kommen Funktionsstörungen der Nieren bis zum Nierenversagen sowie Diabetes infrage.

Wenn Ihre Katze an unpassenden Stellen Urin ausscheidet, kann dies auch medizinische Ursachen haben – insbesondere dann, wenn es größere Mengen sind, da dies normalerweise nicht mit Markierungsverhalten assoziiert wird.

Die häufigste Ursache ist eine Blasenentzündung, auch bekannt als untere Harnwegserkrankung der Katze (FLUTD, »Feline Lower Urinary Tract Disease«). Nierensteine können Blut im Urin verursachen oder zu Schmerzen beim Wasserlassen führen; dann liegt meist auch eine Feline Idiopathische Zystitis (FIC) vor, die relativ weit verbreitet und wahrscheinlich stressbedingt ist. Besonders anfällig sind übergewichtige sterilisierte Katzen, die überwiegend im Haus leben.

Zudem sollten Ursachen wie ein Blasentumor oder Anomalien der Harnwege ausgeschlossen werden. Funktionsstörungen der Nieren bis hin zum Nierenversagen können übermäßigen Durst und einen vermehrten

Harndrang zur Folge haben. Dann schafft es die Katze vielleicht nicht mehr rechtzeitig bis zur Katzentoilette und scheidet auch größere Mengen an Urin aus. Diabetes zeigt sich in ähnlichen Symptomen.

Hat die Katze Schmerzen oder ist in ihrer Beweglichkeit durch arthritische Veränderungen eingeschränkt, kann ihr das Verlassen des Hauses oder das Aufsuchen der Katzentoilette zu beschwerlich sein. Dann sucht sie sich vielleicht einen bequemeren Ort.

Erkrankungen wie das Feline Immundefizienz-Virus (FIV) und das Feline Leukämievirus (FeLV) kommen ebenfalls als Ursache für die Probleme in Betracht. Bei Inkontinenz verliert die Katze auch Urin, während sie schläft.

Es kann auch sein, dass Ihre Katze entzündete oder anderweitig erkrankte Afterdrüsen hat; auch dann kommt es zu Harnwegserkrankungen.

Bei Inkontinenz verliert Ihre Katze auch Urin, wenn sie ruht oder schläft. Da Katzenurin unter UV-Licht leuchtet, kann man die Flecken mithilfe spezieller Lampen besser ausfindig machen.

Zu unkontrolliertem Stuhlgang kommt es bei Erkrankungen des Magen-Darm-Trakts, die Durchfall, Darmentzündungen oder Verstopfung verursachen können. Klären Sie dies auf jeden Fall mit dem Tierarzt ab.

Katze gegen Katzenbesitzer

Es kann viele Situationen geben, in denen Ihre Katze Aggressionen zeigt. Aggressionen sind ein wichtiger Teil ihres Überlebensinstinkts und damit hin und wieder unvermeidbar.

Da die Gründe für aggressives Verhalten vielfältig sein können, ist es nicht ganz ungefährlich, das Problem ohne professionelle Hilfe angehen zu wollen; das kann zur Eskalation der Situation führen. Bisswunden von Katzen bluten normalerweise nicht allzu stark; der Fangzahn fügt nur eine punktuelle Verletzung zu, die rasch heilt. Doch verbleiben dabei die Bakterien aus dem Maul der Katze in der Wunde, die sich somit entzünden kann. Desinfizieren Sie die Wunde auf jeden Fall und suchen Sie, falls nötig, einen Arzt auf.

Missverstandene Lektionen

Die Spiele junger Katzen fallen in der Regel recht rau aus und werden nur unterbrochen, wenn eine der beiden Katzen flieht oder mit ungewöhnlicher Härte zurückbeißt. Dadurch lernt die Katze, die Stärke des Bisses zu kontrollieren. Wenn Menschen das Gleiche mit ihren Händen versuchen, stacheln sie die ohnehin schon aufgeregte Katze leider oft unnötig an, und die Katze wird dann auch als erwachsenes Tier beim Spielen ständig Krallen und

Die Spiele junger Katzen sind meist recht rau, werden aber eingestellt, wenn sie zu gewalttätig werden. Dabei erlernen sie den angemessenen Umgang miteinander.

Zähne gebrauchen. Damit kann sie Ihnen unglücklicherweise erhebliche Verletzungen zufügen.

Eine weitere Lektion, die Katzen von klein auf lernen sollten, ist der Umgang mit frustrierenden Situationen. Versteht die Katze nicht, dass Frustrationen zum Leben einfach dazugehören, drückt sie ihre Wut, wenn etwas nicht so läuft, wie sie will, durch Aggression aus. Leicht reizbare Katzen »rächen« sich dann vielleicht an ihrem Besitzer, wenn das Abendessen zu spät kommt, die Katzenklappe verschlossen ist oder für irgendein anderes

Menschen stacheln junge Katzen oft unnötig an. Dann setzt das erwachsene Tier beim Spiel auch immer Krallen und Zähne ein.

ärgerliches Ereignis. Forscher glauben, dass der Umgang mit Frustrationen während der Entwöhnungsphase erlernt wird; dies findet bei der Handauf- zucht normalerweise nicht statt wird, weshalb von Hand aufgezogene Kat- zen meist leicht reizbar sind.

Aggressionen können sowohl offensiv als auch defensiv ausgedrückt werden; liegt den Aggressionen Angst zugrunde, handelt es sich um eine simple Überlebensstrategie für Situationen, in denen sich die Katze ver- wundbar fühlt. Katzen, die als Jungtiere kaum Umgang mit Menschen hat- ten, trauen diesen für den Rest ihres Lebens nicht und wehren Annähe- rungsversuche grob ab. Zieht sich der »Angreifer« dann nicht zurück, setzt die Katze auch Klauen und Zähne ein.

Andere Ursachen

Auch andere Formen von Aggressionen könnten Ihrer Katze unabsichtlich anerzogen worden sein. Unter bestimmten Umständen können selbstbe- wusste Katzen sich zu sehr aggressiven Tieren entwickeln, die ihrem Besit- zer durch ihr Verhalten vorschreiben, was er zu tun hat. Sie verbringen die meiste Zeit im Haus, und erstaunlicherweise fügen sich die meisten Kat- zenbesitzer dieser Diktatur.

Manchmal reagieren Katzen auch aggressiv auf bestimmte Bewegun- gen oder Berührungen, wobei der Besitzer einfach nur zur falschen Zeit am falschen Ort ist (siehe dazu auch S. 136). Er will seine Katze beruhigen, wenn diese beispielsweise eine andere Katze im Garten gesehen hat, und bekommt die volle Wucht des »Angriffs« ab. Diese Erfahrung kann für Ihre Katze so neu und verstörend sein, dass sie das Gefühl im Kontakt mit Ihnen auch zukünftig nicht abschütteln kann. Dann erwarten Sie möglicherweise schon einen Angriff, und das Vertrauensverhältnis ist bald ganz dahin. Darüber hinaus kann es zu Aggressionen kommen, wenn Ihre Katze Schmerzen hat oder krank ist (siehe S. 159f.).

Gelegentlich liegen den Aggressionen auch schwerer zu identifizierende Ursachen zugrunde. Dann mag es den Anschein haben, als ob Ihre Katze jederzeit auch ohne Provokation aggressiv sein kann. Wenn Sie kein Muster erkennen können oder das aggressive Verhalten von anderen Verhaltensauffälligkeiten begleitet ist, hat die Aggression möglicherweise eine physische Ursache (siehe S. 159f.). Dieses Problem sollten Sie nicht alleine

Wenn Sie der Ursache der Aggression nicht auf den Grund gehen können, kann das gefährlich werden. Wenn sich Ihre Katze zudem auffällig verhält, sollten Sie sich mit dem Tierarzt darüber beraten.

zu lösen versuchen; liegt eine sogenannte idiopathische Aggression vor, kann dies sehr gefährlich sein, und es sollten so schnell wie möglich Maßnahmen ergriffen werden, die die Sicherheit aller garantieren. Suchen Sie mit Ihrer Katze auf jeden Fall einen Tierarzt auf.

Aggressionen beseitigen

Aggressionen im Spiel beugen Sie vor, indem Sie Ihren eigenen Körper nicht zum Spielzeug machen. Spielzeuge an Schnüren oder Angeln sind ideal, dann assoziiert Ihre Katze Ihre Hände nur mit liebevollem Streicheln und Füttern. Zeigt Ihre Katze ein aggressives Verhalten, sollten Sie noch vorsichtiger mit ihr umgehen.

Aggressive Gebärden sind nur wirkungsvoll, wenn das Opfer auch hinsieht. Es kann also schon helfen, wenn Sie Ihre Katze einfach eine Zeit lang ignorieren. Wenn Sie darin konsequent sind und Ihrer Katze gleichzeitig die Möglichkeit geben, ihre Zeit sinnvoller zu verbringen, löst sich das Problem allmählich vielleicht von ganz allein.

Liegt der Aggression Angst zugrunde, brauchen Sie Geduld. Konfrontieren Sie Ihre Katze sehr vorsichtig und Schritt für Schritt mit dem Objekt ihrer Angst, damit sie lernt, dass Menschen nicht so gefährlich sind, wie sie dachte. Ängstliche Katzen wollen lieber in Ruhe gelassen werden; vermeiden Sie direkten Augenkontakt, sprechen Sie sie nicht zu häufig an und drängen Sie sich nicht körperlich auf – dann fühlt sie sich weniger bedroht und verhält sich weniger aggressiv. Wenn ihre Katze verletzt ist oder in Sicherheit gebracht werden muss, müssen Sie sich natürlich um sie kümmern. Ergreifen Sie dann auch Schutzmaßnahmen für sich selbst.

Auch wenn Sie nicht das eigentliche Ziel der Aggression sind, sondern nur das Opfer unglücklicher Umstände, sollten Sie davon Abstand nehmen, Ihre Katze anzufassen; warten Sie einfach ab, bis sie sich beruhigt hat. Die meisten Fälle von Aggression bedürfen professioneller Hilfe von einem Tierarzt oder einem Tierpsychologen; oberstes Gebot ist Ihre eigene Sicherheit. Sollten Sie gebissen oder gekratzt worden sein, brauchen auch Sie medizinische Versorgung. Halten Sie danach Abstand zu Ihrer Katze – wenn nötig, bedeutet dies auch, dass Sie sie für kurze Zeit in einem Zimmer einsperren.

TIGGER

Tigger, ein sechs Monate altes orange-rotes Kätzchen, war ein ziemlicher Rowdie. Seine Besitzerin, Karen, bat mich um Rat, da sie mit dem jugendlichen Ungestüm nicht mehr zurechtkam. Tigger stürzte auf sie los und biss sie bei jeder Gelegenheit in Hände und Füße. Das kommt bei jungen Katzen relativ selten vor, also vermutete ich, dass die Wurzel des Problems in Tiggers Erziehung lag. Und tatsächlich: Karens Lebensgefährte Tim hatte Tigger als ganz kleine Katze immer auf dem Teppich herumgerollt und ihn dazu ermuntert, ihm auf den Fingern herumzukauen. Ein tolles Spiel – aber seitdem war Tigger der Meinung, Hände und Füße seien zum Spielen da und hartes Zubeißen sei erlaubt. Da Tigger ansonsten sehr gutmütig war, musste man ihn nur mithilfe von Spielzeug an Angeln etwas »umerziehen«, und das Beißen in Hände und Füße war fortan Vergangenheit.

Medizinische Ursachen

Chronische Schmerzen oder auch schon die Assoziation von Schmerz und Berührung können dazu führen, dass Ihre Katze das Gefühl hat, sich verteidigen zu müssen, und angstbedingte Aggression zeigt. Dies deutet sich vorher immer durch eine entsprechende Körpersprache an – für Sie das Zeichen, sich zurückzuziehen.

Ein solches Verhalten kann sich auch gegen andere Katzen richten, wenn Ihre Katze sich aufgrund einer Krankheit angreifbar fühlt. Vielleicht benehmen sich die Mitglieder eines Mehr-Katzen-Haushalts einer bestimmten Katze gegenüber anders, wenn sich ihr Geruchsprofil durch eine Erkrankung verändert hat. Dann sollten Sie sowohl mit dem Angreifer als auch mit dem Opfer zum Tierarzt gehen. Zu den Erkrankungen, die mit Schmerzen einhergehen, gehören Arthritis, Erkrankungen der unteren Harnwege sowie Traumata, beispielsweise Verletzungen nach Autounfällen oder Katzenbissen. In diesen Fällen reagiert die betroffene Katze aggressiv, um ungewollte Berührungen zu vermeiden.

Katzen, die ein sehr aggressives Verhalten an den Tag legen, sollten mit äußerster Vorsicht behandelt werden. Vermeiden Sie es auf jeden Fall, Ihren Körper zum Spielzeug zu machen.

Gegenüber Einige
Katzen sind von
Natur aus sehr
ängstlich oder
nervös. Sie ziehen
sich lieber zurück,
als den Herausforde-
rungen des Lebens
offen entgegen-
zutreten.

Auch das Feline Immundefizienzvirus (FIV), die Feline Infektiöse Peritonitis (FIP) – eine Bauchfellentzündung –, Toxoplasmose und Enzephalitis (Hirnhautentzündung) gehen unter Umständen mit aggressivem Verhalten einher. Typisch für ältere Katzen ist eine hyperaktive Schilddrüse, die zu Gewichtsverlust bei gleichzeitig vermehrtem Appetit und ebenfalls zu aggressivem oder gereiztem Verhalten führen kann.

Dabei ist die Aggression meist defensiv – die Katze reagiert damit auf Annäherungen oder physische Kontakt. Manchmal scheint die Aggression aber auch ohne Provokation stattzufinden; ihr geht meist ein ungewöhnliches Verhalten voraus, und hinterher wirkt Ihre Katze verwirrt oder bekümmert. Solche Anfälle können infolge einer Hirnerkrankung auftreten, und Sie sollten mit Ihrer Katze so schnell wie möglich einen Tierarzt aufsuchen. Schützen Sie sich: Warnsignale für die Anfälle gibt es keine.

Ein relativ sicheres Anzeichen für eine Erkrankung oder Schmerzen ist es, wenn Ihre Katze Ihnen oder anderen Katzen gegenüber vorher nie aggressiv war. Rufen Sie den Tierarzt an; er gibt Ihnen Tipps, wie Sie mit Ihrer Katze bis zur Behandlung umgehen sollten.

Nervöse Katzen

Erwachsene Katzen sind meist selbstbewusst genug, um zu schlucken, was immer das Leben ihnen hinwirft; es gibt aber auch Tiere, die vor allem und jedem Angst haben.

Wie im Laufe dieses Buchs deutlich geworden sein sollte, werden Verhalten und Charakter Ihrer Katze von einer Reihe von Faktoren bestimmt, zu denen typische Verhaltensmerkmale der Art, das individuelle genetische Profil und die Erfahrungen als Jungtier gehören. Sie alle bündeln sich zu einer einzigartigen Persönlichkeit, die etwa als kühn, zuversichtlich, reaktionsfreudig oder gesellig beschrieben werden kann. Ihr hoch entwickelter Überlebensinstinkt ermöglicht es den Katzen, Gefahren schnell einschätzen zu können und entsprechend zu handeln. In der Regel wird das Handeln in der Flucht, nicht in Konfrontation und Kampf bestehen.

Manche Katzen werden jedoch auch mit der Veranlagung zur Ängstlichkeit geboren; dann lernen sie trotz einer Fülle von Gelegenheiten nicht, dass das Leben zu Hause vergleichsweise sicher ist. Vor allem in unvertrauten Situationen wird die Katze dann immer das Gefühl einer bösen Vorahnung haben. Dies steigert sich möglicherweise zur Angst, wenn ein bestimmter Reiz als ausreichend gefährlich eingeschätzt wird. Daraufhin schüttet der Körper in einem angeborenen Reflex Adrenalin aus, das ihn zum Kampf, zur Flucht, zur Erstarrung – in der Hoffnung, nicht gesehen zu werden – oder zu dem Versuch befähigt, den Feind zu beschwichtigen. Die meisten Katzen bevorzugen, wie bereits erwähnt, die Flucht.

Nervöse Katzen erkennen Sie leicht an bestimmten Verhaltensmustern: Sie sind schreckhaft, fliehen und verstecken sich, wenn es nur an der

Ein sicheres Versteck, etwa unter einem Bett oder einem Stuhl, ermöglicht es nervösen und ängstlichen Katzen, vor Gefahren zu fliehen. Hier haben sie einen sicheren Zufluchtsort.

Tür klingelt, und zucken vielleicht sogar zusammen, wenn Sie vorbeilaufen. Nervöse Katzen ziehen sich gern zurück und verbringen den Großteil des Tages unter dem Bett oder im Schrank, insbesondere wenn etwas Ungewöhnliches um sie herum geschieht. Viele Menschen glauben, dass solchen Katzen in ihrer Kindheit etwas Grausames zugestoßen sein muss; das ist allerdings nicht notwendigerweise der Fall. Die anhaltende Ängstlichkeit und Nervosität können zu Erkrankungen wie der Felinen Idiopathischen Zystitis (FIC, siehe S. 136) oder zu anderen Beschwerden mit stressbedingtem Hintergrund führen.

Positiv denken

Besitzer nervöser Katzen verhalten sich diesen gegenüber oft auf eine bestimmte Art und Weise; sie nehmen an, dass gedämpfte Stimmen und die Fortbewegung auf Zehenspitzen die richtige Strategie sei, die Katzen nicht unnötig zu ängstigen. Leider wird die Ängstlichkeit der Katze durch eine solche angespannte Atmosphäre nur weiter angeheizt. Sich normal zu verhalten und sich entsprechend entspannt zu fühlen wäre der Sache weitaus dienlicher. Beständige Versuche, Ihrer Katze Ihre Liebe zu zeigen und sie damit vielleicht aus einem Versteck hervorzulocken, erschrecken scheue Katzen nur noch mehr; möglicherweise hält Ihre Katze Sie dann sogar für bedrohlich, mindestens aber für aufdringlich. Besser ist es, Ihrer Katze ihren »Tarnmantel« zu lassen; sie sollte sich frei im Haus bewegen können, ohne das Gefühl zu haben, ständig im Mittelpunkt zu stehen. Ein solches entspanntes Zusammenleben schließt direkten Augenkontakt ebenso aus wie eine verbale oder körpersprachliche Kommunikation – es sei denn, Ihre Katze wünscht dies ausdrücklich und gibt es durch ihr Verhalten auch zu verstehen (siehe S. 94–96).

Leckerli können ebenfalls dazu beitragen, dass sich die Beziehung zwischen Ihnen und Ihrer nervösen Katze entspannt. Geben Sie hin und wieder ein klein wenig Fleisch, Fisch oder andere Köstlichkeiten in einen Napf und stellen Sie diesen strategisch günstig auf – in einem Zimmer, an das sich Ihre Katze gewöhnen soll, oder in Ihrer Nähe. Sie können auch versuchen, Ihrer Katze das Futter direkt aus der Hand zu geben.

Spielen Sie auch mit Ihrer Katze – die meisten Katzen finden Spielen unwiderstehlich. Verwenden Sie dazu eine Schnur oder eine Angel, damit Ihre Katze einen sicheren Abstand halten kann.

Wenn Sie Ihre Katze zu beruhigen versuchen, wenn sie ängstlich ist, wird dies ihr Verhalten nur verstärken. Gehen Sie umgekehrt vor: Belohnen Sie Ihre Katze, wenn sie ruhig ist. Und schließlich sollten Sie auch den Willen Ihrer Katze respektieren. Für Sie mag es wenig anziehend wirken, sich unter einem Bett zu verstecken, doch Ihre Katze will vielleicht genau das und nichts anderes.

Medizinische Ursachen

Möglicherweise nehmen Sie Veränderungen an Ihrer Katze wahr, die subtiler sind als offene Aggressionen oder das Beschmutzen des Hauses. Vielleicht wird eine vormals eher selbstbewusste Katze plötzlich nervös und unruhig. Solche Zustände können durch Ereignisse ausgelöst werden, die Ihre Katze als tiefgreifend bedrohlich empfindet. Sie können aber auch ein Anzeichen für eine Krankheit sein. Die meisten Tierärzte hören sehr genau hin, wenn ihnen der Katzenbesitzer sagt, seine Katze sei in letzter Zeit »irgendwie anders«.

Der Besitzer kennt seine Katze oft am besten und weiß, wie sie sich normalerweise verhält. Ändert die Katze plötzlich ihre Angewohnheiten – verbringt sie beispielsweise für die Jahreszeit ungewöhnlich viel Zeit im Haus, schläft sie neuerdings unter dem Bett, meidet sie bestimmte Räume oder zeigt sie sich in vertrauten Situationen plötzlich ängstlich –, kann dies auch auf ein internes Problem verweisen, etwa darauf, dass die Katze Schmerzen hat oder sich generell unwohl fühlt.

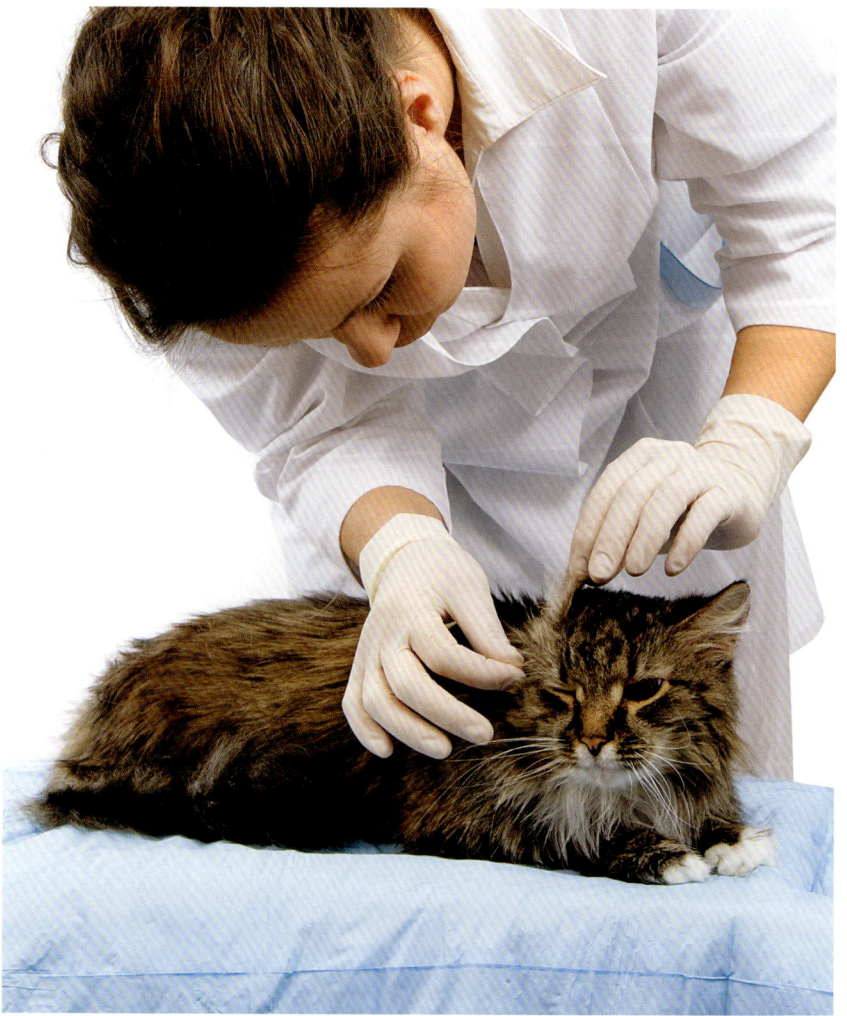

Abgesehen von den Ergebnissen der physischen Untersuchung muss sich der Tierarzt hauptsächlich auf die Informationen des Katzenbesitzers verlassen. Sie können ihm – oder ihr – helfen, indem Sie Ihre Katze genau beobachten.

Die natürliche Reaktion einer Katze auf ein Trauma oder eine Krankheit besteht darin, sich einen ruhigen und sicheren Ort zu suchen, weitab von natürlichen Feinden, wo sie sich ausruhen, von einer Krankheit erholen oder eine Infektion bekämpfen kann. Kehrt Ihre Katze also nach Hause zurück und sucht unmittelbar danach ein dunkles Eckchen auf, wo sie sich für einige Zeit aufhält, ist sie wahrscheinlich krank oder verletzt. Weniger auffällig ist es, wenn sie bestimmte Bewegungen nicht mehr ausführt, weil sie ihr zu schmerzhaft geworden sind. Katzen mit degenerativen Gelenkveränderungen spazieren nicht mehr auf dem Gartenzaun entlang und springen auch nicht mehr auf Stühle o. Ä. Sie zeigen vielleicht auch einen »hoppelnden« Gang, wenn sie die Treppe hinunterlaufen, und wirken etwas derangiert, weil ihnen das Putzen schwerfällt. All das kann auf eine Arthrose hindeuten und sollte vom Tierarzt abgeklärt werden.

Zu den Nachteilen des Tierarztberufs gehört es, den Patienten nicht direkt nach eventuellen Symptomen fragen zu können. Der Arzt muss sich zu einem Großteil auf die Informationen verlassen, die er vom Besitzer der

Katze bekommt, sowie auf die physische Untersuchung und mögliche Diagnosetests. Sie können ihm helfen, wenn Sie Ihre Katze genau beobachten und dem Arzt Verhaltensveränderungen mitteilen.

Übermäßiges Putzen

Das übermäßige Putzen kann im Prinzip alle Körperstellen betreffen, die Ihre Katze leicht erreichen kann, doch konzentriert es sich meist auf den Bauch, die Flanken sowie auf die Innenseite der Oberschenkel und Vorderpfoten. Stress kann sich wie beim Menschen auch auf den emotionalen Zustand Ihrer Katze auswirken. Und da Katzen nur eine begrenzte Anzahl von Möglichkeiten zur Verfügung steht, ihren Emotionen Ausdruck zu verleihen, greifen sie manchmal zu ungewöhnlichen Mitteln, insbesondere dann, wenn sie ohnehin nicht gut mit Stress umgehen können. Der einfachste Weg ist dann oft eine Stressbewältigungsstrategie, die sich auf ganz

Übermäßiges Putzen wird häufig durch Hautprobleme oder Schmerzen ausgelöst. Sind medizinische Ursachen dafür ausgeschlossen, kann das Problem stressbedingt sein.

Hautprobleme wie eine Flohallergie können ebenfalls zu übermäßigem Putzen führen. Das Putzen wiederum hat oft kahle Stellen und krankhafte Hautveränderungen zur Folge.

gewöhnliche Tätigkeiten wie etwa das Schlafen, Fressen oder Putzen bezieht. Schläft Ihre Katze also ungewöhnlich viel, frisst sie zu viel oder putzt sie sich übermäßig, kann dies durchaus ein Anzeichen für erhöhten Stress sein.

Da übermäßiges Putzen kahle Stellen hinterlässt, weicht Ihre Katze auf eine angrenzende Stelle aus, bis große Teile des Fells beschädigt sind. Die Katze leckt, kaut und versucht, sich nicht vorhandene Fremdkörper aus dem Fell zu zupfen.

Mit diesem Verhalten reagiert die Katze wahrscheinlich auf einen Stressfaktor in der Umgebung; es dient ihr zur Selbstbeschwichtigung oder als Ersatzbefriedigung. Leider kann das übermäßige Putzen ein Ausmaß erreichen, in dem Fell und Haut dauerhaft beschädigt werden. Möglicherweise erbricht sich Ihre Katze auch oder entwickelt Magen-Darm-Beschwerden aufgrund der Menge an Fell, die sie beim Putzen verschluckt.

Katzen, die sich aus rein psychologischen Gründen übermäßig putzen, sind relativ selten. Wenn, dann handelt es sich wahrscheinlich um eine Siamkatze oder eine ähnlich sensible orientalische Rasse; diese reißen sich das Fell dann oft büschelweise aus. Als Ursache für die Verhaltensstörung kommen mangelnde Umgebungsreize, eine exzessive Anhänglichkeit dem Besitzer gegenüber oder spannungsgeladene Verhältnisse mit anderen Katzen infrage.

Die meisten Fälle von übermäßigem Putzen haben jedoch eine körperliche Ursache, etwa ein Hautproblem oder Schmerzen. Chronischer Stress wirkt sich auch negativ auf das Immunsystem der Katze aus, und die konstant ausgeschütteten Stresshormone machen die Haut besonders empfindlich. Sprechen Sie mit dem Tierarzt über eventuelle Hauterkrankungen.

WISSENSWERTES

- *Tierärzte empfehlen oft Nachtkerzenöl zur Nahrungsergänzung, da dies Omega-3- und Omega-6-Fettsäuren enthält, die Haut und Fell gesund halten.*

- *Die am meisten von übermäßigen Putzhandlungen betroffene Körperstelle bei Katzen ist der Bauch.*

Mit übermäßigem Putzen umgehen

Sind medizinische Ursachen für das übermäßige Putzen ausgeschlossen, ist das Verhalten wahrscheinlich stressbedingt; dennoch sollten Sie Ihre Katze regelmäßig auf Flöhe untersuchen.

Nur der Tierarzt kann Ihnen geeignete Mittel zur Flohbekämpfung an die Hand geben, mit denen Sie Ihre Katze in den empfohlenen Abständen behandeln. Bei modernen Präparaten muss der Floh die Katze nicht beißen, um die tödliche Substanz aufzunehmen. Sie bringen einfach einen Tropfen des Flüssigpräparats auf die Haut im Genick Ihrer Katze auf, und das Mittel dringt in die Haarfollikel des Tiers ein. Der Floh stirbt schon beim bloßen Kontakt mit dem Haar – die Haut Ihrer Katze wird dabei gar nicht beschädigt.

Medizinische Warnsignale

Leidet Ihre Katze an einer Hautkrankheit – was bei den meisten Katzen, die sich übermäßig putzen, der Fall ist –, leckt, knabbert, zupft und beißt sie so lange an der betroffenen Stelle herum, bis das Fell ausgeht (Alopezie), die Haut beschädigt wird oder – in extremen Fällen – eine Amputation des jeweiligen Körperteils, meist des Schwanzes, notwendig wird. Zu den Erkrankungen, die ein solches übermäßiges Putzen und eine Selbstverstümmelung hervorrufen, gehört wiederum die Feline Idiopathische Zystitis (FIC, siehe S. 136). Das Putzen ist eine Reaktion auf die Schmerzen, die infolge der Erkrankung für gewöhnlich am Unterbauch, am Hinterteil und an der Innenseite der Oberschenkel auftreten. Von Bedeutung kann auch die erst kürzlich entdeckte sogenannte Feline Hyperästhesie sein, eine Überempfindlichkeit gegenüber Berührungen.

Die am weitesten verbreitete Ursache für übermäßiges Putzen ist der Juckreiz, der als allergische Reaktion auf Flohbisse entstehen kann. Katzen können allergisch gegen den Speichel des Flohs sein; werden sie von einem Floh gebissen, entzündet sich die betroffene Hautstelle und fängt an zu jucken. Die Katze kratzt oder leckt sich oft so intensiv, dass der Tierarzt eingreifen muss.

Katzen können darüber hinaus auch Unverträglichkeiten bestimmten Nahrungsmitteln, Pollen und sogar Hausstaubmilben gegenüber entwickeln. Und all das resultiert wiederum in übermäßigem Putzen. Putzt sich die Katze aufgrund eines Juckreizes, entsteht oft ein beidseitig symmetrisches Muster an kahlen Stellen, da sich die Katze abwechselnd auf beiden Seiten putzt. Entsteht ein solches symmetrisches Muster nicht, ist dies ein Hinweis darauf, dass ein Trauma oder ein unspezifischer Schmerz an der betroffenen Stelle vorliegt, etwa verursacht durch Hautkrebs.

Die Diagnose der medizinischen Ursachen für übermäßiges Putzen gestaltet sich höchst komplex und kann Hautbiopsien, Lebensmitteltests, Bluttests und medikamentöse Therapien umfassen. Niedergelassene Tierärzte geben diese Fälle meist an Dermatologen ab; doch ist es oft auch hilfreich, einen Tierpsychologen hinzuzuziehen, um die Stressfaktoren zu Hause zu beseitigen.

Stressfaktoren beseitigen

Sind medizinische Ursachen ausgeschlossen, sollten Sie die Lebensumstände Ihrer Katze genauer unter die Lupe nehmen, um mögliche Stressfaktoren zu Hause zu identifizieren. Halten Sie eine Zeit lang fest, wann sich Ihre Katze übermäßig putzt, um eventuelle Auslöser zu erkennen: Wann hat sie damit angefangen, wie reagieren Sie darauf, wie verhält sich Ihre Katze sonst?

Ist der Stressauslöser erkannt und beseitigt – oder modifiziert –, sollte sich das positiv auf das Verhalten Ihrer Katze auswirken. Besprechen Sie sich zudem mit dem Tierarzt darüber, ob eventuell entzündungshemmende Medikamente notwendig sind, um den Teufelskreis von Jucken und Kratzen zu durchbrechen, oder ob Ihre Katze zur Behandlung sekundärer bakterieller Infektionen Antibiotika braucht.

Kann der Auslöser nicht identifiziert werden, sollten Sie erst recht versuchen, das Leben Ihrer Katze so stressfrei wie möglich zu gestalten: durch häufiges Spielen, abwechslungsreiche Umgebungsreize wie die spannende Suche nach Futter oder ähnliche Aktivitäten, die Ihre Katze dazu anregen, sich wie eine Katze zu verhalten. Wenn Sie mehrere Katzen haben, sollten allen genügend Ressourcen zur Verfügung stehen (siehe S. 137f.). Lenken Sie Ihre Katze mit positiven Reizen vom Putzen ab.

Das Pica-Syndrom

Als Pica-Syndrom bezeichnet man das Vertilgen nicht zum Verzehr geeigneter Materialien; bei Katzen ist dies am häufigsten Wolle. Während das Material variieren kann, gehört zum Pica-Syndrom immer das wiederholte Kauen auf den hinteren Backenzähnen.

Das Syndrom betrifft vor allem Siam- und Burma-Katzen sowie verwandte Rassen, die eine Vorliebe für Wolle, Gummi, Plastik, Leder und Pappe entwickeln. Die meisten Katzen geben sich mit dem Kauen zufrieden und schlucken das Material nicht hinunter; in Extremfällen kann es jedoch auch dazu kommen, und das Material muss chirurgisch aus dem Magen entfernt werden, damit es den Darm nicht blockiert.

Das Verhalten ist häufig auch bei vielen sehr jungen Katzen zu beobachten, die beispielsweise in ein neues Zuhause kommen und schon an den Polstern ihres Körbchens knabbern. Bei vielen Tieren wächst sich die Angewohnheit wieder aus, manche sehr stressanfällige Katzen fahren jedoch damit fort. Hier sind auch viele Tierpsychologen ratlos. Forscher nehmen an, dass das Verhalten genetisch bedingt sein kann und dass es etwas mit der Hirnstruktur der betroffenen Katze zu tun hat; möglicherweise werden durch das Kauen Chemikalien freigesetzt, die ein Gefühl der

Unter Pica-Syndrom versteht man das Kauen und manchmal auch Hinunterschlucken ungenießbarer Materialien wie Wolle, Gummi, Plastik oder Leder.

Befriedigung erzeugen. Das macht süchtig: Beobachten Sie eine Katze einmal dabei, wenn sie Wolle kaut. Sie werden den Ausdruck höchster Ekstase auf ihrem Gesicht sehen können!

Verstecken Sie Ihre Pullis!

Katzen, die unter dem Pica-Syndrom leiden, können selten dazu überredet werden, auf andere Materialien umzusteigen. Wenn man sie ihnen im eigenen Hause wegnimmt, kommt noch eine gewisse Beschaffungskriminalität hinzu. Haben sie keinen Zugang nach draußen, durchsuchen sie Wäschekörbe, Schränke und Schubladen nach dem »Stoff«.

Das Problem betrifft zwar nicht ausschließlich Rassekatzen, tritt bei diesen aber gehäuft auf. Burma-Katzen etwa kauen bevorzugt auf Pappe und leider auch auf Stromkabeln herum. Das ist nicht nur für die Katze gefährlich, sondern auch für Sie – kann dadurch doch leicht ein Feuer ausbrechen. Halten Sie eine solche Angewohnheit also nie für eine niedliche

Schrulle Ihrer Katze. Auch Hauskatzen ohne eindrucksvollen Stammbaum können eine Vorliebe für Gummi, Plastik oder Kartons entwickeln.

Nicht immer kommt es beim Pica-Syndrom zu einer ernsthaften Abhängigkeit. Knabbert Ihre Katze nur aus Langeweile auf allem Möglichen herum, können Sie es mit eukalyptushaltigem Olbasöl oder mit Bitterapfel ungenießbar machen; Letzteres benutzen Tierärzte auch, um Katzen davon abzuhalten, an OP-Wunden zu lecken. Manchmal reicht es sogar schon, das Objekt der Begierde aus dem Blickfeld der Katze zu entfernen.

Was Sie sonst noch tun können

Oft behalten Katzen die Angewohnheit bei, wenn sie kaum oder gar keinen Zugang nach draußen haben. Diese Tiere brauchen dann im Haus viele Reize und Aktionsmöglichkeiten, die befriedigender sind, als auf Leder o. Ä. herumzukauen. Vielleicht können Sie Ihrer Katze auch ein geschütztes Gehege im Garten einrichten (siehe S. 107f.).

Eine ballaststoffreiche Ernährung, die Ihrer Katze ein Völlegefühl vermittelt, kann ebenfalls hilfreich sein, insbesondere dann, wenn sie das ungenießbare Material auch hinunterschluckt. Fragen Sie den Tierarzt danach. Manche Katzen nagen auch gern an gekochten Lamm- oder Rinderknochen herum, an denen noch Knorpel- und Fleischreste hängen. Sollte Ihre Katze allerdings auf Plastik und andere synthetische Materialien stehen, wird sie Knochen mit Fleisch vielleicht keines Blickes würdigen. Spezielle Kaustreifen für Hunde könnten attraktiv sein, wenn Sie sie vorher in heißem Wasser einweichen und mit etwas Fischsoße oder ähnlich stark Riechendem beträufeln.

Heilbar ist das Pica-Syndrom zwar kaum, dennoch lohnt ein Besuch beim Spezialisten. Er sieht sich an, wie Ihre Katze lebt, und empfiehlt vielleicht stressreduzierende Maßnahmen. Eventuell verschreibt der Tierarzt auch ein Antidepressivum, das die Verhaltenstherapie unterstützt.

Das Pica-Syndrom kann sich auf Ihr Leben ebenso sehr auswirken wie auf das der Katze. Sie können schlicht nicht alle infrage kommenden Materialien vermeiden. Falls Sie vorhaben, sich eine Siam-, Burma-, Tonkanese- oder ähnliche Rassekatze anzuschaffen, lohnt es nachzufragen, ob das Problem in der Familie schon einmal aufgetreten ist. Da es Hinweise darauf gibt, dass das Pica-Syndrom erblich ist, liegt es in der Verantwortung des Züchters, Sie darauf hinzuweisen. Aus dem gleichen Grund ist es auch wichtig, dass Sie den Züchter informieren, wenn Ihre Katze das Pica-Syndrom entwickelt.

Medizinische Ursachen

Es kann auch vorkommen, dass Katzen außer Wolle und anderen Stoffen weitere ungenießbare Materialien verzehren und dass dies mit der häufig bei Rassekatzen zu beobachtenden Angewohnheit nichts zu tun hat.

Das Kauen an unge-
nießbaren Gegen-
ständen kann auch
auf Darmparasiten
oder auf eine man-
gelhafte Ernährung
hinweisen.

Das Verlangen nach solchen Substanzen kann auch mit Erkrankungen wie einer Schilddrüsenüberfunktion, Krebs, einer Bleivergiftung oder einer Bauchfellentzündung zusammenhängen. Auch bestimmte Darmparasiten und eine Mangelernährung kommen dafür infrage.

Allerdings sind die verschiedenen Formen des Pica-Syndroms ganz gut voneinander zu unterscheiden. Katzen, die aus Krankheitsgründen auf ungenießbarem Material herumkauen, haben beispielsweise nicht den genannten Ausdruck der Verzückung auf ihrem Gesicht. Zudem zeigen sie meist noch andere Krankheitssymptome.

ACHTUNG – ERNSTHAFTE VERSTOPFUNG!

Katzen, die Wolle fressen (siehe S. 170f.), können auch Krankheits-symptome entwickeln, wenn die Wolle den Magen-Darm-Trakt verstopft. Je nach Schwere der Verstopfung kann eine Operation notwendig werden, um das Woll-knäuel aus den Eingeweiden zu entfernen. In ganz schweren Fällen muss sogar ein Teil des Darms

entfernt werden. Sie erkennen eine solche Verstopfung an den folgenden Symptomen:

- *Erbrechen*
- *Lethargie*
- *Harter, angespannter Bauch*
- *Mangelnder oder anderweitig anormaler Stuhlgang*

Kleine Kätzchen sind unglaublich neugierig und nehmen – ähnlich wie Babys – erst einmal alles in den Mund, um es zu untersuchen. So versuchen sie beispielsweise auch, die Katzenstreu zu fressen, wenn sie von der Mutter entwöhnt sind und das erste Mal eine Katzentoilette benutzen sollen. Biologisch abbaubare Katzenstreu verursacht keine allzu großen Schäden, doch viele Klumpen bildende Materialien enthalten Natriumbentonit, das die Feuchtigkeit aufsaugt und zu Dehydrierung und anderen ernsthaften Beschwerden führen kann, wenn die Katze es schluckt oder einatmet. Ist die Katze also noch sehr klein, sollten Sie Katzenstreu dieser Art am besten nicht verwenden.

Beginnt Ihre erwachsene Katze plötzlich, Katzenstreu auf Tonbasis zu fressen, kann dies auf eine Erkrankung hinweisen, etwa auf Blutarmut. Suchen Sie dann so schnell wie möglich einen Tierarzt auf.

Übergewichtige Katzen

Übergewicht und Fettleibigkeit sind zwar streng genommen keine Verhaltensprobleme, haben aber oft genug psychische Ursachen. Auf physiologischer Ebene sind sie die Folge von zu viel Essen und zu wenig Bewegung, meist aufgrund von Stress.

Fettleibigkeit stellt bei erwachsenen Katzen das größte Krankheitsrisiko dar und kann zu Diabetes, Erkrankungen der Leber, Bauchspeicheldrüse und Gelenke sowie zu Herz-Kreislauf-Erkrankungen führen. Bei der Narkose während einer Operation kann es dadurch auch zu Komplikationen kommen. Ein Großteil des modernen Dosenfutters für Katzen enthält

Wie bei Menschen ist auch das Übergewicht bei Katzen auf zu viel Essen und zu wenig Bewegung zurückzuführen. Fettleibigkeit stellt bei erwachsenen Katzen das größte Krankheitsrisiko dar.

sehr viele Kohlenhydrate, die in Glukose umgewandelt und als Fett gespeichert werden, wenn die aufgenommenen Kalorien den Bedarf der Katze übersteigen. Das Sterilisieren von Katzen ist zwar notwendig, verlangsamt aber auch den Stoffwechsel, sodass die Katze noch weniger Kalorien braucht. Dass zudem viele Katzen einen ausgesprochen sesshaften Lebensstil führen und von ihren Besitzern überfüttert werden, trägt sein Übriges zum Problem des Übergewichts bei.

Wenn Sie mit Ihrer Katze einmal im Jahr zum Check-up zum Tierarzt gehen, wird dieser sie wiegen und ihren allgemeinen körperlichen Zustand beurteilen. Das Gewicht ist nicht der einzige Indikator dafür, ob Ihre Katze gesund ist, da auch Katzen – wie Menschen – einen ganz unterschiedlichen Körperbau haben können. Deshalb ist es ebenfalls wichtig, dass der Tierarzt Ihre Katze persönlich in Augenschein nimmt. Der »Bodymass-Index« bei

Das Sterilisieren verlangsamt den Stoffwechsel Ihrer Katze, die dann weniger Kalorien braucht. Sterilisation plus sesshafter Lebensstil ist ein Garant für Übergewicht.

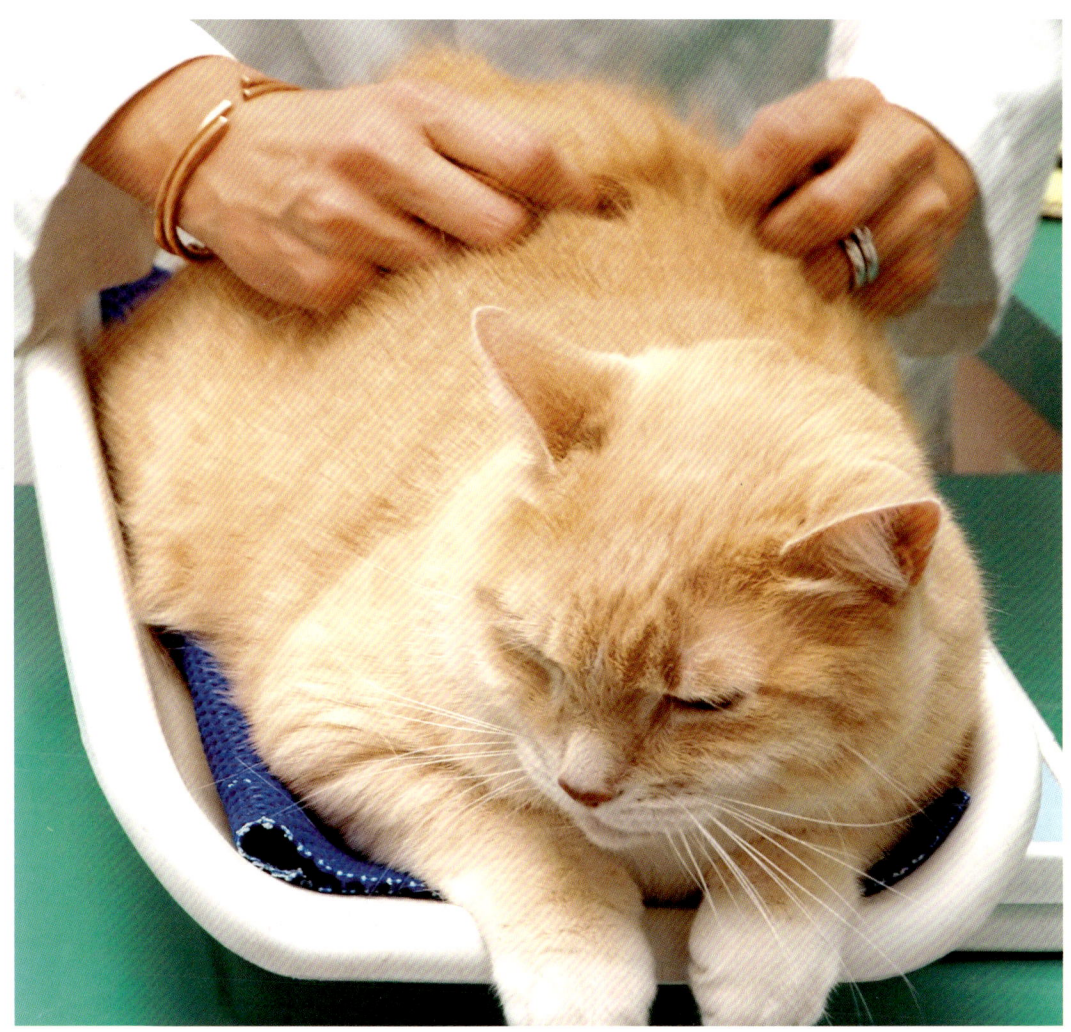

Katzen reicht von abgemagert bis ausgesprochen fettleibig; die ideale Körperform sind gute Proportionen und eine sichtbare Taille. Man sollte die Rippen unter der Haut fühlen können, sie sollten allerdings nicht vorstehen. Erscheint die Katze von oben gesehen gedrungen, weist dies auf große Fettpolster zu beiden Seiten des Rückgrats hin. Übergewichtige Katzen sind nicht so beweglich wie normalgewichtige; für sie ist es z. B. schwierig, beim Putzen alle Körperstellen zu erreichen. Deshalb haben sehr dicke Katzen auch oft Schuppen. Sie sind schnell außer Puste und können nicht mehr hoch springen; meist glauben die Besitzer dann, ihre Katze sei einfach nur faul. Studien zufolge haben manche Katzen ein höheres Risiko, dick zu werden, als andere; am anfälligsten sind sterilisierte Kater, die überwiegend im Haus leben.

Mittlerweile gibt es auch Katzenfutter light; dies enthält alle wichtigen Nährstoffe, hat aber weniger Kalorien. Möglicherweise empfiehlt der Tierarzt, die Kost Ihrer Katze auf diese Produkte umzustellen; vielleicht reicht es aber auch, wenn Sie einfach die Futtermenge reduzieren.

Hält der Tierarzt Ihre Katze für übergewichtig, rät er Ihnen vielleicht, auf Katzenfutter light umzusteigen, das alle wichtigen Nährstoffe, dafür aber weniger Kalorien enthält.

So nimmt ihre Katze gesund ab

Jedes Programm zur Gewichtsabnahme für Ihre Katze sollte vom Tierarzt überwacht werden, um sicherzustellen, dass Ihre Katze dabei auch alle Nährstoffe bekommt, die sie braucht.

Zuerst wiegt der Tierarzt Ihre Katze und untersucht sie auf ihren allgemeinen körperlichen Zustand hin. Dann legt er ein Zielgewicht fest; ist Ihre Katze stark übergewichtig, wird dies noch nicht das Idealgewicht sein. Dieses Gewicht soll sie im Laufe einiger Monate erreichen, der Gewichtsverlust sollte allmählich vonstatten gehen. Nimmt Ihre Katze zu rasch ab, wird neben Fett auch Muskelmasse abgebaut. In dieser Zeit wird Ihre Katze jede Woche gewogen, am besten immer auf der gleichen Waage. Falls nötig, wird die Kalorienaufnahme erneut angepasst. Bei einer gesunden Gewichtsabnahme verliert die Katze pro Woche maximal ein bis zwei Prozent ihres gesamten Körpergewichts.

Zur Behandlung von Fettleibigkeit bei Katzen ist mittlerweile ein spezielles Futter erhältlich. Manchmal enthält dieses große Mengen an Ballaststoffen, die ein Völlegefühl ohne zusätzliche Kalorien erzeugen. Andere Produkte setzen auf größere Mengen an Eiweiß sowie auf ein Nahrungsergänzungsmittel, das dabei hilft, gespeichertes Fett als Energiequelle zu nutzen. Der Tierarzt legt eine Tagesmenge fest, die Sie in fünf oder sechs Portionen aufteilen und Ihrer Katze über den Tag verteilt füttern. Unterstützen Sie die Diät Ihrer Katze mit häufigen kurzen Spielsessions, bei denen sie sich so richtig austoben kann. Am liebsten mag sie Spielzeug an Schnüren oder Angeln, das ihren Jagdtrieb befriedigt. Ermuntern Sie Ihre Katze auch dazu, mehr nach draußen zu gehen, falls dies möglich ist. Nehmen Sie sie öfter in den Garten mit.

Wie bei Menschen können sich auch bei Katzen während einer Diät psychologisch bedingte Hungergefühle einstellen. Auch für sie stellt die Nahrungsaufnahme in stressigen Zeiten eine positive, ja tröstende Aktivität dar. Um Erfolge zu erzielen, sollten Sie sich auch um diese psychologischen Faktoren kümmern. Versuchen Sie herauszufinden, welche Stressfaktoren zum Teufelskreis von Frust-essen-Frust beitragen (siehe S. 130f.) – sie sind der Schlüssel zur erfolgreichen Gewichtsabnahme.

Unterziehen Sie Ihre Katze nie einer Crashdiät! Dabei kann es zur hepatischen Lipidose kommen, einer akuten Leberverfettung, die meist tödlich verläuft. Helfen Sie ihr stattdessen beim gesunden Abnehmen.

BUBBLE

Schon seit sechs Wochen machte Bubble eine Diät – doch Gewicht verlor er dabei nicht. Durch ein wenig Detektivarbeit stellte sich heraus, dass Bubble sich in den Nachbarhäusern bediente und dort die Katzennäpfe blank leckte. Daraufhin bekamen die Nachbarn einen Flyer, der sie darüber informierte, dass Bubbles Gesundheit davon abhing, eine nicht unbeträchtliche Menge an Gewicht zu verlieren. Bubbles Besitzerin, Teri, bat die Nachbarn, die Katzennäpfe in Sicherheit zu bringen und Bubble zu verjagen, wenn sie ihn beim Mausen erwischten. Sie versprach, dem örtlichen Tierheim für jedes Gramm Gewicht, das Bubble verlor, eine kleine Spende zukommen zu lassen. Das wirkte: Fortan unterstützen die Nachbarn Bubble bei seiner Diät, sie spielten mit ihm und führten ihn nicht mehr in Versuchung. Heute ist Bubble ein sehr gesunder Vier-Kilo-Kater!

Teil 6

Die optimale Fürsorge

Mit Katzen leben

Ob Sie sich einen Hund anschaffen wollen, verreisen oder ein Kind erwarten – dies alles wird nicht nur Ihr Leben einigermaßen auf den Kopf stellen, sondern auch das Ihrer Katze!

Gegenüber Bevor Sie sich ein Kätzchen anschaffen, sollten Sie sich gemeinsam mit Ihrer Familie darüber klar werden, was es bedeutet, eine Katze zu haben.

Lösungen für bestehende Probleme zu bieten, ist hilfreich – besser ist es allerdings, den möglichen Problemen vorzubeugen. Wenn sich das Zusammenleben mit Ihrer Katze bereits problemfrei gestaltet, aber vielleicht Veränderungen anstehen, oder wenn Sie mit dem Gedanken spielen, sich ein Kätzchen anschaffen zu wollen, sind Sie in diesem Kapitel genau richtig. In letzterem Fall sollten Sie einige Dinge sorgfältig erwägen, damit Probleme gar nicht erst auftreten. Dazu bedarf es nur ein wenig Planung.

Die wichtigsten vorbeugenden Maßnahmen sind die Wahl der geeigneten Katze, das Schaffen der richtigen Umgebung und das Vermeiden möglicher Stressauslöser (siehe S. 130–133). Die Umgebung hat einen erheblichen Einfluss auf die Persönlichkeit und das Wohlbefinden Ihrer Katze. Stimmt grundlegend etwas in dieser Umgebung nicht – sind z. B. zu viele andere Katzen vorhanden –, wird sich das ausgesprochen negativ auf die Stimmung Ihrer Katze auswirken. Lebt dieselbe Katze als einziges Haustier in einer anderen Umgebung, in der sie sich ihr eigenes Revier schaffen kann, wird sie regelrecht aufblühen.

Leider können Sie als Katzenbesitzer manchmal auch unabsichtlich zum Stress Ihrer Katze beitragen. Menschen drücken ihre Zuneigung normalerweise auf eine bestimmte Art aus: Sie konzentrieren sich auf das Objekt ihrer Zuneigung, sprechen mit ihm, streicheln es, berühren es häufig, um die Bindung zu festigen. Katzen, die entsprechend sozialisiert wurden, erfreuen sich dieser Aufmerksamkeit im besten Fall – im schlimmsten Fall tolerieren sie sie gnädig. Für manche Katzen bedeutet so viel Aufmerksamkeit aber auch Stress – auf den Seiten 92 bis 96 erfahren Sie, wie Sie am besten mit Ihrer Katze kommunizieren.

Darüber hinaus gibt es Umstände, für die einige zusätzliche praktische Tipps nicht schaden können – beispielsweise die Anschaffung eines kleinen Kätzchens oder einer schon älteren Katze. Wenn Sie hier die richtigen Vorsichtsmaßnahmen ergreifen, steht einem glücklichen Zusammenleben mit Ihrer Katze nichts mehr im Wege.

Sich um ein Kätzchen kümmern

Problemen kann man nur vorbeugen, indem man im Voraus plant, d. h. bevor das neue Kätzchen in Ihr Haus kommt. Zunächst sollten Sie und Ihre Familie sich darüber klar werden, was es bedeutet, eine Katze zu haben.

Der neue Haus-genosse muss schon mit etwas Einsamkeit zurechtkommen können, wenn Herr-chen und Frauchen den ganzen Tag arbeiten und die Kinder in der Schule sind.

Die meisten Leute, die sich ein Haustier anschaffen wollen, stellen sich noch nicht einmal Fragen wie »Passt ein Haustier in mein Leben?« oder »Kann ich mir ein Haustier leisten?«. Wenn Sie den ganzen Tag außer Haus arbeiten müssen, Ihre Kinder in der Schule sind und Ihr Leben insgesamt eher hektisch und chaotisch verläuft, muss das neue Familienmitglied schon etwas robuster veranlagt sein, um mit einem solchen einsamen Tagesablauf zurechtkommen zu können. In dieser Situation lohnt die Überlegung, sich zwei Geschwisterkätzchen anzuschaffen.

Die Kosten für ein Haustier hören nicht beim Futter auf – Ihre Katze braucht Gesundheitschecks, Impfungen, eine recht umfangreiche Ausrüs-tung zu Hause und dergleichen mehr. Zur Entscheidung trägt auch die Frage bei, ob Sie einen Garten haben bzw. Ihrer Katze den nötigen Auslauf verschaffen können oder ob Ihre Katze als reine Wohnungskatze gedacht ist. Bringen Sie, wenn möglich, auch in Erfahrung, wie viele Katzen es in der Gegend bereits gibt. Zudem stehen Sie vor der Wahl, sich eine Katze aus dem Tierheim oder beim Züchter eine Rassekatze zu holen; Letztere braucht möglicherweise mehr Pflege, wenn sie z. B. ein sehr langes Fell hat – dann wird das tägliche Bürsten vom Vergnügen rasch zur lästigen Pflicht.

Ist die Entscheidung gefallen, sollten noch weitere Umstände in Betracht gezogen werden. Idealerweise wurde Ihr zukünftiges Kätzchen in einer normalen häuslichen Umgebung geboren, die es auf alle Anblicke, Geräusche und Gerüche in seinem neuen Zuhause vorbereitet hat. Ab einem Alter von etwa zwei Wochen sollte es möglichst sowohl mit Männern und Frauen als auch mit Kindern Kontakt gehabt haben. Fragen Sie den Besitzer oder Züchter – bevor Sie den Wurf sehen –, ob die Jungen ordnungsgemäß tierärztlich behandelt wurden, ob sie entwurmt wurden und vor Flöhen geschützt sind.

Rassekätzchen kommen geimpft und im Alter von 13 Wochen in ihr neues Zuhause, Mischlinge werden oft früher abgegeben. Achten Sie jedoch darauf, dass die Jungen mindestens acht Wochen bei der Mutter verbringen konnten; das ist für ihre spätere Entwicklung sehr wichtig.

Das richtige Kätzchen aussuchen

Gut wäre es, wenn Sie die Möglichkeit hätten, Ihr Kätzchen mit seiner Mutter zu beobachten. Sehr scheue oder nervöse Tiere übertragen diese Eigenschaft oft auf ihre Jungen. Das Kätzchen sollte gesund aussehen und neugierig auf seine Umgebung – auf Menschen ebenso wie auf andere

Idealerweise sollte das Kätzchen bereits mit Männern, Frauen und Kindern in Kontakt gekommen sein und auch die Geräusche und Gerüche einer häuslichen Umgebung kennen.

Katzen – reagieren. Die Augen sollten leuchten und nicht gerötet sein, die Ohren sollten sauber sein. Dunkelbraunes Ohrenschmalz ist ein Anzeichen für Milbenbefall. Das Fell sollte glänzen, der Bauch nicht aufgebläht sein – Letzteres nämlich ist ein Hinweis auf Parasiten wie Würmer. Das Kätzchen sollte keinen Durchfall haben und insgesamt einen reaktionsfreudigen und verspielten Eindruck machen.

Das neue Zuhause

Bevor Sie das Kätzchen nach Hause holen, sollten Sie einige Vorbereitungen treffen, damit es sich dort sicher fühlt. Nun ist auch der richtige Zeitpunkt, die gewünschten Routineabläufe zu etablieren.

Spüren Sie alle gefährlichen Schlupfwinkel auf – zwischen oder hinter Schränken, um freiliegende Rohre herum etc. – und blockieren Sie diese.

Die Augen Ihres Kätzchens sollten klar und nicht gerötet oder verklebt sein, die Ohren frei von Ohrenschmalz, und das Fell sollte glänzen.

Offene Kamine sollten abgeschirmt, Toilettendeckel geschlossen werden; ebenso sollten Sie alle Türen, die nach draußen gehen, sowie die Fenster sichern. Schließen Sie alle Reinigungsprodukte, Desinfektionsmittel, Medikamente und zerbrechlichen Gegenstände in einem Schrank ein. Eventuell giftige Pflanzen sollten ebenfalls entfernt werden, falls Ihr Kätzchen beschließt, daran zu knabbern. Dazu gehören u. a. Efeu, Dieffenbachien, Weihnachtssterne, Alpenveilchen, Hyazinthen und Lilien. Bodenlange Vorhänge sollten Sie vorübergehend hochbinden.

Stellen Sie in einem Zimmer einen Futternapf, eine Wasserschale, eine in der Größe angepasste Katzentoilette, einen Kratzbaum und ein Schlafkörbchen mit Kuscheldecke auf, damit das Kleine es schön warm hat.

Machen Sie Ihrer Familie klar, dass das Kätzchen noch sehr klein, dafür aber schon sehr schnell ist: Passen Sie auf, dass Sie ihm nicht aus Versehen auf die Pfötchen treten oder es in der Tür einklemmen.

Die Eingewöhnungsphase

Wenn möglich, transportieren Sie das Kätzchen in seiner gewohnten Kuscheldecke nach Hause. Die ist ihm vertraut und tröstet es in einer

Bringen Sie Ihr Kätzchen nach Möglichkeit in seiner alten Decke nach Hause. Sie ist ihm vertraut in einer Umgebung, in der sonst alles neu ist.

Umgebung, in der zunächst einmal alles neu ist. Legen Sie die Decke in sein neues Schlafkörbchen, dann nimmt es dieses leichter an. Viele Katzenbesitzer haben das Kätzchen nachts gern in unmittelbarer Nähe, vor allem wenn es noch sehr klein ist. Das kann allerdings einen unangenehmen Präzedenzfall schaffen, der Sie künftig um den Schlaf bringen könnte! Es ist absolut nicht »grausam«, das Kätzchen in einer sicheren Umgebung, die nicht Ihr Schlafzimmer ist, ins Bett zu bringen und sich erst morgens wieder um seine Bedürfnisse zu kümmern.

In den ersten 24 Stunden sollte das Kätzchen die Möglichkeit haben, sich in aller Ruhe an sein neues Zuhause zu gewöhnen. Auch Kinder, die natürlich nichts lieber täten, als mit dem Kleinen zu spielen, sollten dies respektieren. Ist das Kätzchen so weit, kommt es von alleine zum Spielen.

Zieht es das Kätzchen allerdings vor, sich zunächst an einem ruhigen Ort zu verstecken, sollten Sie bei ihm bleiben, damit es sich an Ihre Anwesenheit gewöhnt, ohne es hervorlocken und streicheln zu wollen.

Stellen Sie Ihrem Kätzchen über den Tag verteilt vier bis sechs kleine Portionen Katzenfutter hin, das speziell für junge Katzen gedacht ist. Sollten Sie seine Ernährung umstellen wollen, tun Sie dies in einem Zeitraum von sieben bis zehn Tagen. Kleine Katzen brauchen viel Schlaf, sind aber ausgesprochen energiegeladen, wenn sie wach sind. Beschäftigen Sie sich in dieser Zeit viel mit Ihrem neuen Mitbewohner, denn nur so kann ein Band zwischen Ihnen entstehen.

Kätzchen trifft Katze

Die Begegnung zwischen einem neuen Kätzchen und einer schon länger ansässigen erwachsenen Katze kann absolut reibungslos verlaufen – kann, muss aber nicht.

Sorgen Sie für eine möglichst ruhige Umgebung, damit die Katzen keinen zusätzlichen Stress haben. Stellen Sie einen Käfig von mindestens einen mal einen Meter Grundfläche in einem Zimmer des Hauses auf, das Ihre »alte« Katze am wenigsten mag. Lassen Sie das Kätzchen zuerst allein in dem Zimmer herumtoben und füttern Sie es dann in dem Käfig. Lassen Sie anschließend die ansässige Katze herein. Stellen Sie auch ihr einen Futternapf mit ein paar Leckerli hin, die sie in sicherer Entfernung vom Käfig verspeisen kann. Tun Sie dies einige Tage lang zwei- bis dreimal am Tag und verringern Sie dabei allmählich den Abstand zwischen Katze und Käfig, bis die Katzen Seite an Seite fressen.

HÖLLISCHE LIAISON

Domino, ein sehr lebhaftes Burma-Kätzchen, sollte Dora, einer eher verschlafenen und etwas übergewichtigen älteren Katze, künftig Gesellschaft leisten. Kaum im neuen Zuhause angekommen, ging Domino zischend und fauchend auf Dora los, die überraschend behände auf den Küchenschrank sprang. Die Besitzer beschlossen, die Katzen sollten das unter sich regeln, und ließen die beiden allein. Am nächsten Morgen saß Dora immer noch auf dem Schrank, während Domino zu ihr hinaufstarrte. Nun mussten sie doch eingreifen. Als Dora durch den fortgesetzten Belagerungszustand eine Woche später erschreckend viel abgenommen hatte, wurde den Besitzern klar, dass die Kombination wohl nicht passte. Heute lebt Domino glücklich bei Freunden der Besitzer, und Dora kann wieder alleine residieren. Nicht jeder Bund wird im Himmel geschlossen.

Da der Gemeinschaftsgeruch bei Katzen eine sehr große Rolle spielt, ist es hilfreich, Decken zwischen den Katzen auszutauschen, damit sie sich an den Geruch der jeweils anderen Katze gewöhnen und einen gemeinsamen Geruch entwickeln können. Viele Katzenbesitzer geraten in Versuchung, die »alte« Katze bei der Ankunft der neuen zu verhätscheln, um sie für die Kompromisse zu entschädigen, die sie künftig machen muss. Das empfindet Ihre »alte« Katze aber möglicherweise wiederum als stressig.

Nach einer Woche können Sie den Käfig auch in anderen Zimmern des Hauses aufstellen, damit Ihre Katze merkt, dass sie dem kleinen Kätzchen nun überall begegnen kann. Je nach Reaktion Ihrer Katze darauf können Sie den Käfig nach einigen Wochen weglassen, damit sich die Katzen persönlich begegnen. Am besten halten Sie sich aus der Begegnung so weit wie möglich raus und ermöglichen es Ihren Katzen, auf natürliche Weise miteinander zu kommunizieren. Eingreifen sollten Sie nur, wenn das junge Kätzchen in Gefahr ist. Gehen Sie auf keinen Fall mit bloßen Händen dazwischen, dann könnten auch Sie verletzt werden. Benutzen Sie ein Kissen oder ein Stück Stoff.

Wenn Sie schon eine Katze haben, sollten Sie das neue Kätzchen zunächst in einen Käfig setzen und diesen in einem Zimmer aufstellen, das Ihre »alte« Katze am wenigsten mag. Lassen Sie den Tieren Zeit, sich aneinander zu gewöhnen.

Gegenüber Hunde
und Katzen können
friedlich gemeinsam
in einem Haus leben,
wenn sie einander
angemessen bekannt
gemacht wurden
und einige Regeln
eingehalten werden.

Kätzchen trifft Hund

Wenn Sie bereits einen Hund haben, wissen Sie sicher, dass dieser Katzen mag – allerdings nicht zum Fressen gern hat. Sollten Sie sich nun zur Anschaffung eines Kätzchens entschlossen haben, kommt es also nur noch darauf an, die beiden einander angemessen vorzustellen.

Lassen Sie das Kätzchen anfangs in einem Käfig, der groß genug für ein Schlafkörbchen, eine Katzentoilette sowie für Fressnapf und Wasserschale ist. Lassen Sie Ihren Hund den Käfig beschnüffeln, ohne dass er dabei dem Kätzchen wehtun kann. Stellen Sie den Käfig auch an anderen Orten im Haus auf.

Streicheln Sie sowohl Hund als auch Kätzchen mehrmals am Tag, ohne sich zwischendurch die Hände zu waschen – damit schaffen Sie einen vertrauten Gemeinschaftsgeruch. Spielen Sie mit dem Kätzchen außerhalb des Käfigs, wenn der Hund nicht im Zimmer ist. Zur Sicherheit sollten Sie den Käfig allerdings mehrere Wochen aufgestellt lassen; haben sich die beiden Tiere aneinander gewöhnt, können sie sich auch ohne den schützenden Käfig begegnen. Bleibt der Hund dabei ruhig, können Sie ihn mit einem Leckerli belohnen.

Ab dem Alter von sechs Monaten lebt die Katze normalerweise sicher mit dem Hund zusammen, vorausgesetzt, es hat sich eine freundliche Akzeptanz zwischen den beiden entwickelt. Die Katze sollte nach draußen können, ohne dabei zu nah an Schlaf- oder Futterstelle des Hundes vorbeigehen zu müssen. Bereiten Sie Ihrer Katze außerdem genügend erhöhte Plätze, an die sie sich flüchten kann, und stellen Sie die Katzentoilette für den Hund unzugänglich auf, da Hunde gern in der Streu herumwühlen.

WISSENSWERTES

- *Flohmittel speziell für Hunde können für Katzen tödlich sein! Es kann sogar zu einer toxischen Reaktion kommen, wenn die Katze nur in die Nähe eines mit einem solchen Mittel behandelten Hundes gelangt.*

- *Füttern Sie eine Katze nicht mit Hundefutter, da sie spezifische Nährstoffe – z. B. die Aminosäure Taurin – braucht, die in Hundefutter nicht enthalten sind.*

Hund trifft Katze

Wenn Sie schon eine Katze haben und sich zusätzlich einen Hund anschaffen möchten, sollte dieser auf jeden Fall an Katzen gewöhnt sein. Hunde wie Greyhounds und viele Terrier sind nicht ideal.

Stellen Sie die Tiere auch hier einander mithilfe eines Käfigs für den Hund vor und platzieren Sie den Käfig nicht dort, wo er Ihrer Katze ihre üblichen Wege versperrt. So sollte sie natürlich ungehindert an ihr Futter und andere wichtige Ressourcen herankommen können. Bereiten Sie Ihrer Katze – wenn nicht ohnehin schon geschehen – viele erhöhte Plätze, an die sie sich flüchten kann, wenn sie sich bedroht fühlt. Vielleicht bringen Sie auch eine Babyschranke an der Treppe an, damit sich Ihre Katze nach oben zurückziehen kann, während der Hund unten bleiben muss.

Stellen Sie Ihrer Katze einen Welpen in einem Raum vor, aus dem sie leicht fliehen kann. Lassen Sie die beiden so lange nicht allein, bis sich die Tiere aneinander gewöhnt haben.

Ist der Hund noch ein Welpe, sollte die erste Begegnung mit der Katze in einem Raum stattfinden, aus dem die Katze leicht fliehen kann. Nehmen Sie den Welpen auf den Arm und erlauben Sie es Ihrer Katze, ihn zu beschnuppern. So haben Sie die Möglichkeit einzugreifen, sollte etwas schieflaufen. Geht alles gut und schützen Sie den Welpen durch den Käfig, während die Katze sich frei im Raum bewegen darf, werden die beiden sich in aller Regel rasch aneinander gewöhnen. Ist der Welpe nicht im Käfig, ist eine Leine ratsam, an der Sie ihn im Bedarfsfall zurückhalten können. Lassen Sie die beiden am Anfang nicht allein, bis die Tiere entspannt sind und der Hund gelernt hat, dass er die Katze nicht jagen darf.

Einem erwachsenen Hund geben Sie im Käfig ein Leckerli, bevor Sie die Katze in den Raum lassen, damit sie den Neuankömmling beschnuppern kann. Schenken Sie Ihrer Katze jetzt eine erhöhte Aufmerksamkeit, indem Sie mit ihr spielen oder ihr ebenfalls ein Leckerli geben, damit sie den neuen Hund mit positiven Gefühlen assoziiert. Ist Ihre Katze entspannt, können Sie die Käfigtür öffnen; halten Sie den Hund allerdings vorsichtshalber an der Leine. Bleibt auch er entspannt, loben und belohnen Sie ihn. Trainieren Sie Ihren Hund auf die Kommandos »Sitz« und »Bleib«, damit er die Katze auch in Zukunft nicht jagt.

Neue Katze trifft alte Katze

Die Begegnung zwischen zwei Katzen ist immer schwieriger, wenn beide Katzen bereits erwachsen sind. Eine erwachsene Katze können Sie schlecht in einen Käfig sperren; also ist von dieser Methode, die beiden Tiere einander vorzustellen, abzuraten.

Wählen Sie stattdessen ein »Begegnungszimmer« aus – allerdings nicht gerade das Lieblingszimmer Ihrer ansässigen Katze. Die Begegnung sollte in drei Phasen stattfinden, in den gleichen drei Phasen, in denen auch Katzen in freier Wildbahn einander begegnen.

In der ersten Phase nimmt Ihre Katze erstmals den Geruch der anderen Katze wahr. Sie können dies unterstützen, indem Sie Gegenstände wie etwa Decken mit dem Geruch der jeweiligen Katze an Orte legen, an denen sich die andere Katze aufhält. Sie können die Katzen aber auch mit einem Baumwollhandschuh oder einem kleinen Tuch am Kopf streicheln. Dort befinden sich Drüsen, die Feromone absondern (zur Bedeutung des Geruchs siehe auch S. 39–41). Reiben Sie mit dem Hand-

Halten Sie die beiden erwachsenen Tiere zunächst räumlich voneinander getrennt. Versuchen Sie, sich nicht einzumischen – es sei denn, eine der beiden Katzen ist in Gefahr.

schuh oder Tuch dann Gegenstände wie Türrahmen oder Möbel ab, damit die Katzen den fremden Geruch ohne direkten Kontakt miteinander erkunden können.

In der zweiten Phase nehmen die beiden Katzen aus der Distanz Sichtkontakt zueinander auf. Das geht am besten in zwei angrenzenden Räumen mit geöffneter Tür und einer Schranke, durch die sich die beiden Katzen sehen, einander aber keinen Schaden zufügen können. Eine Treppenschranke für Babys erfüllt den Zweck hervorragend. Füttern Sie die beiden Katzen in sicherem Abstand zueinander, dann werden sie die Begegnung mit positiven Gefühlen assoziieren. Auf diese Weise können Sie die neue Katze auch mit anderen Zimmern des Hauses bekannt machen, damit die Tiere das Revier später unter sich aufteilen können.

In der dritten und letzten Phase – sie findet je nach Fortschritt nach einer oder mehreren Wochen statt – treffen die beiden Katzen ohne Schranken aufeinander. Mischen Sie sich in dieser Phase so wenig wie möglich ein, es sei denn, eine der beiden Katzen ist in Gefahr.

Katze trifft Baby

Die Beziehung zwischen Ihnen und Ihrer Katze wird sich auf jeden Fall ändern, wenn Sie ein Baby bekommen. Für Ihre Katze bedeutet es Stress, da sich ihre tägliche Routine radikal ändert und Sie ihr weniger oft zur Verfügung stehen.

Diesen Stress können Sie jedoch auf ein Minimum reduzieren, wenn Sie vorausschauend planen. Legen Sie so früh wie möglich fest, welcher Raum das Kinderzimmer sein soll, und verwehren Sie Ihrer Katze den Zugang zu diesem Raum. Lassen Sie alle anderen Veränderungen – das Aufstellen der Wiege und dergleichen mehr – nur allmählich stattfinden, damit der Übergang für Ihre Katze nicht zu abrupt ist und sie sich nach und nach an all die neuen Gerüche und Geräusche gewöhnen kann.

Hält sich Ihre Katze überwiegend im Haus auf, wird das Baby ihr Leben natürlich mehr durcheinanderbringen. Sie reagiert empfindlicher auf Veränderungen im Haus als Katzen, die viel draußen sind. Ist es Ihre Katze gewohnt, dass sie Ihre ungeteilte Aufmerksamkeit bekommt, sollte sich dies schon während der Schwangerschaft allmählich ändern. Versuchen Sie, ihr viele Möglichkeiten zur Eigenbeschäftigung zu schaffen. Überlegen Sie, ob die Routine Ihrer Katze – Fütterungszeiten, Bürsten und Spielen – mit Ihrer neuen Verantwortung als Mutter zu vereinbaren ist, und ändern Sie sie gegebenenfalls. Ist die neue Routine schon etabliert, wenn das Baby kommt, ist dies für Ihre Katze viel einfacher.

Laden Sie Freunde ein, die ein Baby haben, damit Ihre Katze die neuen Geräusche und Gerüche kennenlernen kann. Kleinkinder können für Katzen sehr anstrengend sein; überwachen Sie das Zusammensein auf jeden Fall, damit Ihre Katze nicht unabsichtlich zu grob angefasst wird.

Gegenüber Lassen Sie ein Baby oder ein Kleinkind mit einer Katze nie allein. Laden Sie vor der Ankunft Ihres Babys Freunde mit kleinen Kindern ein, damit Ihre Katze sich schon einmal an diese gewöhnen kann.

Sollte Ihre Katze es vorziehen, sich während des Besuchs unter dem Sofa zu verstecken – lassen Sie sie.

Den Frieden wahren

Dass zwischen zwei Hauskatzen ein Krieg ausbricht, ist u. a. dadurch zu vermeiden, dass nicht zu viele Katzen vorhanden sind – sowohl im Haus als auch im größeren Revier. Wenn Sie mehrere Katzen haben, sollten diese gut zueinander passen; hat sich erst einmal eine Gruppe gebildet, ist es unklug, dieser eine weitere Katze hinzuzufügen (siehe S. 83 – 87).

Die Chemie der Gruppe wird auch durch die Umgebung bestimmt. Natürlich können – und sollten – Sie sich Ihren Wohnsitz nicht von Ihren Katzen diktieren lassen, doch lohnt ein Blick auf die Nachbarschaft, um potenziellen Problemen vorzubeugen. Auch hier ist die Natur das Vorbild: Wildkatzen schließen sich nur zu Kolonien zusammen, wenn ausreichende Nahrungsquellen zur Verfügung stehen und die Bedürfnisse aller befriedigt werden können. Unter anderen Bedingungen wird sich die Gruppe zerstreuen. Dasselbe trifft auch auf einen Mehr-Katzen-Haushalt zu: Die Katzen müssen glauben, dass für alle genug Ressourcen vorhanden sind, dass in keinerlei Hinsicht Knappheit herrscht. Dann interagieren die Katzen miteinander oder gehen einander aus dem Weg – je nach Vorlieben – und kooperieren im Aufteilen der Ressourcen. Sind die jeweiligen Persönlichkeiten grundsätzlich kompatibel – wobei es immer Katzen gibt, die ein ausgeprägteres Revierverhalten haben als andere –, sollte sich die Aggression zwischen ihnen auf ein akzeptables Maß beschränken.

Zu möglichen Brennpunkten können sich mehrgeschossige Wohnhäuser mit schmalen Treppen entwickeln, die von einer herrischen Katze blockiert werden können. Auch kleine Wohnungen, in denen nicht genug Katzentoiletten und Futternäpfe aufgestellt werden können, sind problematisch, ebenso wie Wohnungen mit großen Fenstern, durch die Katzen viele andere Katzen in der Umgebung sehen und als bedrohlich empfinden können.

Leider gehören auch Sie zu den umkämpften Ressourcen; versuchen Sie jedoch nicht, all Ihren Katzen das gleiche Maß an Zeit und Aufmerksamkeit schenken zu wollen. Das schafft nur mehr Probleme, als es löst; die Katzen haben das meist schon unter sich

Eine Katze zu viel

Penny hatte erfolgreich sechs nicht miteinander verwandte Katzen um sich geschart, die sich alle gut verstanden – bis Nummer sieben des Wegs kam. Der schwarze Kater Lucky war in der Gegend schon seit einiger Zeit als Streuner bekannt und landete schließlich in Pennys Garten. Sie fütterte ihn und wollte ihn allmählich in die Gruppe integrieren – kam es auf einen mehr denn an? Leider musste Penny feststellen: Ja, dieser Kater war eine Katze zu viel. Die vormals so harmonische Gruppe zerstritt sich fast augenblicklich vor ihren Augen. Die Katzen bekämpften einander – nicht nur den Außenseiter –, liefen ruhelos hin und her, setzten Duftmarken und beschmutzten das Haus; eine riss sich sogar selbst das Fell aus. So etwas hatte Penny noch nie erlebt. Sie beschloss, Lucky in einem anderen Zuhause unterzubringen, und nach etwa eine Woche kehrte glücklicherweise wieder Frieden zwischen ihren Katzen ein.

ausgemacht, ändern Sie also nicht eigenmächtig den Fahrplan. Zieht sich eine Katze unter bestimmten Umständen von Ihnen zurück, will sie das so.

Sorgenfreies Reisen

Für Ihre Katze bedeuten Reisen jeder Art Stress – besonders die, die beim Tierarzt enden. Sie können jedoch einige Maßnahmen ergreifen, die das Reisen für Ihre Katze etwas angenehmer gestalten.

Zu Aggressionen kommt es in einem Mehr-Katzen-Haushalt seltener, wenn die Gegend nicht mit Katzen überbevölkert ist.

Verstecken Sie den Tragekorb nicht, wenn er nicht gebraucht wird; dann wird Ihre Katze bei seinem Anblick auch nicht in Panik geraten. Vielleicht akzeptiert sie ihn sogar als Schlafplatz.

Sollte Ihre Katze als kleines Kätzchen noch nicht die Erfahrung einer Autoreise gemacht haben, ist es durchaus möglich, dass sie als erwachsene Katze immer besonders großen Stress beim Autofahren haben wird.

Das erste Alarmsignal für Ihre Katze ist der Anblick des Tragekörbchens. Dem können Sie jedoch vorbeugen: Stellen Sie das Körbchen zwischenzeitlich nicht in den Keller, sondern behandeln Sie es wie einen Alltagsgegenstand. Legen Sie es mit einer weichen Decke aus, dann akzeptiert Ihre Katze es vielleicht sogar als Schlafplatz. Nehmen Sie zum Abdecken des Korbs ebenfalls eine vertraute Decke, die Ihren Geruch oder den der Katze trägt; damit reduzieren Sie den Stress während der Fahrt oder der Wartezeit beim Tierarzt. Vielleicht überdecken Sie damit sogar die fremden

Gerüche in der Tierarztpraxis, die für Ihre Katze besonders unangenehm sind.

Es ist immer ratsam, dass Ihre Katze mit relativ leerem Magen reist; wenn Sie sie vor Antritt der Reise füttern, kann es unterwegs zu kleineren »Unfällen« kommen. Dann wird die Fahrt auch für Sie unangenehm. Legen Sie das Tragekörbchen unten mit Zeitungen, Plastikfolie oder einem alten Handtuch aus, das alle eventuellen Flüssigkeiten aufsaugt und anschließend weggeworfen oder gewaschen werden kann. Schnallen Sie den Tragekorb im Auto an. Katzen schreien viel während der Fahrt, missverstehen Besänftigungen allerdings oft als Bestätigung ihrer unglücklichen Lage. Wenn Sie sich selbst ruhig und normal verhalten, signalisieren Sie Ihrer Katze, dass auch für sie kein Grund zur Beunruhigung besteht.

Ist die Fahrt länger, sollte der Tragekorb groß genug für eine Katzentoilette sein. Bieten Sie Ihrer Katze dann häufig Wasser an und achten Sie auf eine gute Belüftung und eine angenehme Temperatur im Wagen. Lassen Sie Ihre Katze auf keinen Fall länger allein im Auto.

WISSENSWERTES

- *Da Katzen nicht schwitzen können, sind sie relativ schnell überhitzt. Lassen Sie Ihre Katze also nie allein im Auto – schon gar nicht, wenn es draußen sehr warm ist.*

- *Die meisten Tragekörbchen passen nicht gut auf Autositze. Stellen Sie zumindest sicher, dass der Korb gerade steht.*

- *Manche Katzen sind im Auto ruhiger, wenn sie nach draußen sehen können. Legen Sie ein Kissen oder eine Decke unter den Tragekorb und probieren Sie es aus. Leider hilft es nicht immer.*

Es ziept auch nicht ...

Einige langhaarige Rassen wie etwa Perserkatzen müssen täglich gebürstet werden, damit sich im Fell keine Knoten bilden, die dann meist vom Tierarzt entfernt werden müssen.

Leider ist das Bürsten einer langhaarigen Katze eine eher undankbare Aufgabe, da nicht alle Katzen das Bürsten lieben, insbesondere nicht an empfindlichen Stellen wie an den Beininnenseiten und dem Bauch. Der Züchter sollte seine Rassekatzen deshalb möglichst früh an das Bürsten gewöhnen, damit die erwachsene Katze es geduldig über sich ergehen lässt. Unglücklicherweise beherzigen viele Züchter dies nicht.

Wenn Sie also eine Katze haben, die täglich gebürstet werden muss, das aber nicht sehr schätzt, können Sie mit kleinen Tricks Ihre Überzeugungskraft erhöhen. Fangen Sie mit eher kurzen »Bürstsessions« an, die Sie Ihrer Katze durch kleine Belohnungen schmackhaft machen. Geben Sie ihr einen kleinen Leckerbissen, den sie besonders mag – fragen Sie allerdings vorher den Tierarzt, ob er dem auch zustimmen kann. Hat der Tierarzt nichts dagegen, können Sie den auserkorenen Leckerbissen ausschließlich als Belohnung für überstandenes Bürsten verwenden. Die meisten Katzen werden das Bürsten dann von allein einfordern.

Suchen Sie sich zum Bürsten einen ruhigen Platz; am besten legen Sie Ihre Katze auf eine Decke auf einem Tisch, das erleichtert das Prozedere. Vielleicht kann Ihre Katze von dort aus nach draußen sehen, dann ist sie etwas abgelenkt. Fangen Sie langsam an, mit sanften Strichen vom Kopf bis zur Mitte des Rückens. Fahren Sie etwa zehn Sekunden damit fort. Geben Sie Ihrer Katze dann den kleinen Leckerbissen, loben Sie sie und lassen Sie sie gehen, wenn sie will. Erhöhen Sie die Zeit täglich um etwa fünf Sekunden und fahren Sie dabei mit der Bürste auch über andere Körperteile. Beginnen Sie am Kopf, fahren Sie an Flanken und Schwanz fort, streichen Sie dann auch über die Hüften und schließlich über die schwierigen Stellen der Beininnenseiten und des Bauchs. Beenden Sie jede Sitzung mit Lob und Leckerbissen.

Stressfreie Familienfeste

Es gibt Zeiten im Jahr, in denen Familie und Freunde zusammenkommen, um gemeinsam zu feiern und fröhlich zu sein. Im Allgemeinen ist Ihre Katze dann weniger fröhlich, bedeutet all dies doch eine Abweichung von der täglichen Routine: fremde Leute, fremde Gerüche und laute, ungewohnte Geräusche. Besonders stressig ist es für Katzen, die überwiegend im Haus leben, da sie kaum Möglichkeiten haben auszuweichen. Und auch wenn sich Ihre Katze nach draußen flüchten kann, sollten Sie sicherstellen, dass es ihr möglich ist, jederzeit wieder nach Hause zurückzukehren. Ihre Katze braucht einen sicheren und ruhigen Rückzugsort, für den sich normalerweise das Gästezimmer anbietet – allerdings nicht dann, wenn Gäste

Züchter sollten ihre Rassekatzen möglichst von klein auf an das Bürsten gewöhnen. Bürsten Sie Ihre Katze auf einer Decke auf einem Tisch, von dem aus sie nach draußen sehen kann – dann ist sie abgelenkt.

Gegenüber
Beginnen Sie mit kurzen Bürstsessions und verlängern Sie die Zeit von Tag zu Tag. Beenden Sie sie immer mit einem Lob und einem Leckerbissen.

kommen. Suchen Sie Ihrer Katze dann einen anderen sicheren Zufluchtsort, an dem sie sich von all dem Trubel nicht gestört fühlt. Am besten statten Sie den Ort mit allem aus, was Ihre Katze braucht.

Am schlimmsten sind Feiertage, die mit einem Feuerwerk einhergehen. Silvester ist für Ihre Katze die reinste Hölle. Am besten lassen Sie sie dann gar nicht nach draußen, im Haus ist sie am sichersten. Ziehen Sie die Vorhänge zu und spielen Sie etwas Musik oder lassen Sie den Fernseher laufen, damit die Katze von den lauten Geräuschen abgelenkt ist. Zu viel Aufmerksamkeit in Form von Besänftigung ist allerdings auch nicht gut – verhalten Sie sich so normal und ruhig wie möglich. Stellen Sie sicher, dass alle Verstecke für Ihre Katze zugänglich sind, und sehen Sie nicht zu oft nach ihr, wenn sie es vorzieht, ein Versteck aufzusuchen. Stellen Sie eine Katzentoilette auf, falls Sie nicht ohnehin schon eine haben, obwohl die meisten Katzen sie nicht benutzen, wenn sie Angst haben.

Wenn Ihre Katze bei den lauten Knallgeräuschen immer regelrecht verrückt spielt, sollten Sie vor einem Feuerwerk mit dem Tierarzt sprechen, ob es eine Möglichkeit gibt, sie medikamentös etwas zu beruhigen.

Ferien und Umzüge

Der Familienurlaub stellt eine dramatische Unterbrechung in der Alltagsroutine Ihrer Katze dar. Ein Umzug kann noch schwerwiegendere Folgen haben und für eine Katze mit ausgeprägtem Revierverhalten geradezu traumatisch sein.

Was die beste Option für Ihre Katze im Falle des Urlaubs ist, hängt stark von ihrer Persönlichkeit ab. Ist sie sehr selbstbewusst und verbringt viel Zeit draußen in ihrem erweiterten Revier, ist es vielleicht am besten, sie zu Hause und zweimal am Tag von einem Nachbarn oder Freund füttern zu lassen. Andere Katzen, die emotional nicht so unabhängig sind, fassen Ihre Abwesenheit möglicherweise als enorme Bürde auf, das Haus nun allein verteidigen zu müssen. Fremde, die von Zeit zu Zeit vorbeischauen, werden zu ihrer Ängstlichkeit und zum Gefühl des Verlassenseins nur noch mehr beitragen. Diese Katzen sind in einer liebevollen Katzenpension sicherlich besser aufgehoben.

Wenn Sie sich auf Empfehlungen verlassen können, ist das gut, doch sollten Sie das Etablissement vorher immer auch selbst in Augenschein nehmen. Gute Katzenpensionen sind normalerweise lange im Voraus ausgebucht, kümmern Sie sich also rechtzeitig darum.

Suchen Sie sich eine Einrichtung aus, die ausschließlich Katzen aufnimmt. Vereinbaren Sie einen Termin zur Besichtigung; ist das nicht mög-

Gegenüber Bei Veränderungen im Tagesablauf – beispielsweise wenn Besuch kommt oder Familienfeiern anstehen – sollte Ihre Katze die Möglichkeit haben, sich zu verstecken. Stören Sie sie möglichst nicht in ihrem Versteck.

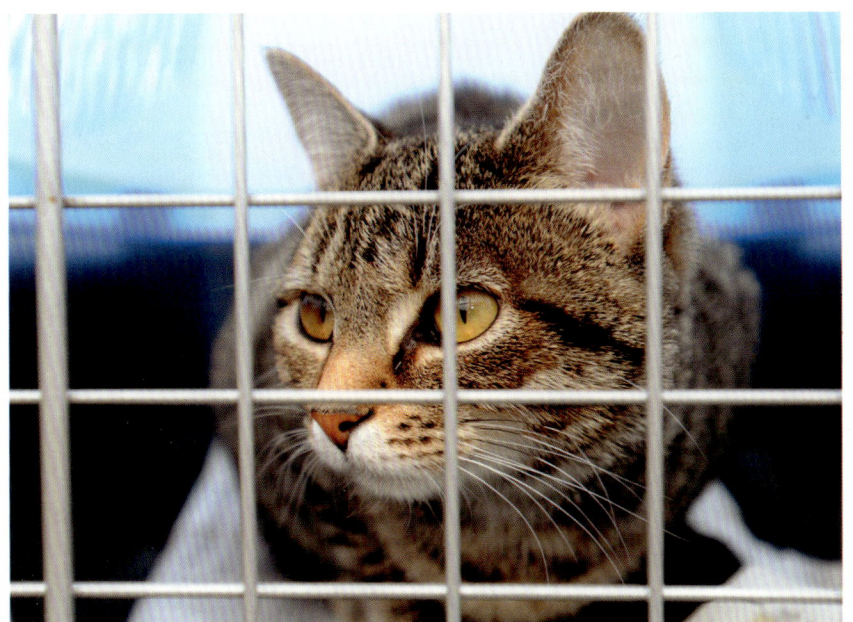

Wenn Sie Ihre Katze im Urlaub in eine Katzenpension geben müssen, sollten Sie sich das Etablissement vorher ansehen. Achten Sie auf die Bedingungen, die dort herrschen. Folgen Sie, wenn möglich, persönlichen Empfehlungen.

Gegenüber

Reservieren Sie bei Umzügen sowohl im alten als auch im neuen Haus ein Zimmer für Ihre Katze, in dem sie sich ungestört aufhalten kann, während der Umzug vonstatten geht. Vielleicht ist es besser, sie für eine bis zwei Nächte in eine Katzenpension zu geben.

lich, sehen Sie sich nach einer anderen Katzenpension um! Die Einrichtung sollte sauber und ordentlich, die einzelnen Gehege sollten jeweils mit separaten Schlaf- und Bewegungsmöglichkeiten ausgestattet sein. Diese Bereiche sollten sicher sowie trocken und warm im Winter und kühl im Sommer sein. Im ganzen Gehege sollten Futternäpfe, Wasserschalen, Kratzbäume, Katzentoiletten und Spielzeuge in ausreichender Anzahl vorhanden sein. Es sollte nicht unangenehm riechen und insgesamt einen gepflegten Eindruck machen. Zwischen Ihrer Katze und der Freiheit sollten immer zwei geschlossene Türen stehen, damit kein Gast während seines Aufenthalts entwischen kann.

Die anderen Katzen sollten aufmerksam und interessiert wirken; die Fressnäpfe sollten leer sein als Anzeichen dafür, dass der Appetit gut ist und die Tiere sich an die fremde Umgebung gewöhnt haben. Wenn Sie sich davon überzeugen konnten, dass es sich um eine gute Katzenpension handelt, können Sie es zunächst erst einmal mit einem langen Wochenende probieren und sehen, ob sich Ihre Katze dort wohlfühlt.

Umzugsmanagement

Bei einem Umzug ist es besonders wichtig, Ihre Katze am Tag des Umzugs selbst von all dem geschäftigen Treiben fernzuhalten, um sie so wenig wie möglich zu verstören. Schließen Sie sie am besten in einem schon leer geräumten Zimmer mit Futternapf, Wasserschale, Katzentoilette, Schlafkörbchen und ähnlichen vertrauten Gegenständen ein. Die Umzugsfirma sollte dies wissen und die Tür geschlossen halten, damit die Katze nicht im letzten Moment doch noch entwischt. Im neuen Zuhause sollten Sie es ähnlich halten und ein Zimmer für Ihre Katze reservieren; vielleicht gelingt es, dies schon komplett zu möblieren, damit Ihre Katze in den folgenden Tagen einen ruhigen Zufluchtsort hat.

Transportieren Sie Ihre Katze erst in ihr neues Zuhause, wenn die alte Wohnung leer ist und Sie bei Ihrer Katze bleiben können. Richtig erkunden können wird Ihre Katze ihre neue Umgebung erst, wenn wieder Ruhe eingekehrt ist. Sie ist zunächst bestimmt noch ängstlich, doch die Möbel werden ihr rasch wieder ein Gefühl der Vertrautheit vermitteln. Halten Sie Fenster und Türen geschlossen, bis es sicher genug ist, die Katze das erste Mal wieder nach draußen zu lassen. Verunsichern Sie sie jedoch nicht mit zu viel Aufmerksamkeit.

Empfohlen wird, die Katze erst nach zwei bis drei Wochen nach draußen zu lassen. Die meisten Katzen werden das jedoch nicht tolerieren. Suchen Sie sich ein Wochenende aus, an dem Sie zu Hause sind, und lassen Sie Ihre Katze kurz vor dem Füttern nach draußen – der Hunger wird sie wieder nach Hause treiben.

Wenn Sie sich am Tag des Umzugs nicht auch noch um Ihre Katze Sorgen machen wollen, können Sie sie vielleicht für eine oder zwei Nächte in eine Katzenpension geben.

Register

Danksagung und Bildnachweis

Danksagung der Autorin

Ich danke meiner Agentin Mary Pachnos für ihre fortgesetzte Unterstützung und ihren Humor und dem Team bei Hamlyn für seine Begeisterung und Führung. Ich musste im Laufe dieses Buchs mit vielen Bällen jonglieren; Clare Hemington (meine ganz erstaunliche Sprechstundenhilfe), meine wunderbaren Klienten und Kollegen, meine Freunde und meine Familie bewiesen große Toleranz, wenn ich ab und zu etwas abwesend wirkte. Allen voran möchte ich jedoch Charles und Mangus danken, die die Hauptlast meines Katzenenthusiasmus tragen!

Über dieses Buch

Executive Editor: Trevor Davies
Senior Editor: Lisa John
Deputy Creative Director: Karen Sawyer
Gestaltung: Mark Stevens
Bildredaktion: Zoë Spilberg
Senior Production Controller: Amanda Mackie

Bildnachweis

Alamy/Peter Alvey 67; /Robert Ashton/Massive Pixels 22; /David Askham 185; /Lena Ason 166; /avatra images 12; /Sigitas Baltramaitis 128; /blickwinkel/Moch 141; /blickwinkel/Schmidt-Roeger 78; /Bubbles Photolibrary 63; /Adam Burton 82; /De Klerk 130; /Mark Duffy 187; /Wendy Farrow 14; /Isobel Flynn 146; /Alex Griffiths 103; /imagebroker/Jürgen Lindenburger 48; /imagebroker/Konrad Wothe 134; /Neal und Molly Jansen 192; /Johner Images/Stefan Wettainen 4, 109; /Juniors Bildarchiv 75, 132, 155, 191, 195; /Emma Lee/Life File Photo Library Ltd 26; /Stephen Parker 201; /ReimarRalph 198; /Frances M. Roberts 98; /Mark Scheuern 102, 117; /Doug Schneider 30; /Steppenwolf 81; /Dan Sullivan 200; /Jack Sullivan 126; /Tierfotoagentur/D. M. Sheldon 154; /vario images GmbH & Co.KG/McPhoto 32; /Rob Walls 21.

Ardea/John Daniels 110, 121, 149, 152, 203; /Jean Michel Labat 159, 162, 173. **Corbis** 85, 125; /Janie Airey/cultura 91; /DLILLC 53; /Fotofeeling/Westend61 11; /Julie Habel 39; /Frank Lukasseck 54; /Peter Mintz/Design Pics 74; /Alan Marsh/Design Pics 138; /Robert Pickett 70; /Benjamin Rondel/First Light 161. **Dorling Kindersley**/Marc Henrie 25. **Fotolia**/Henrik Winther Andersen 174; /Marilyn Barbone 177; /Mark Bond 1; /Brenda Carson 101; /crzy77 47; /Sebastian Duda 172; /Dominik Eckelt 181; /galbertone 95; /Hiro 113; /Jelu 52; /Irina Karlova 164; /Scott Latham 27; /Kathy Libby 51; /Catherine Murray 35; /Niza 16; /Carlos Nobre 156; /oldu 105; /Piccolo 90; /Kirsty Richards 151; /SBL 184; /Robert Scoverski 129; /skubird 112; /Simone van den Berg 116; /Oscar Williams 175; /Igor Zhuk 122, 122, 145; /Dušan Zidar 13. **Getty Images**/altrendo images 41; /Jane Burton 69, 118; /Wayne Eastep 73; /GK Hart/Vikki Hart 64; /Image Source 97; /MIXA 182; /Natasha Japp Photography 189; /PHOTO 24 71; /Justin Sullivan 169. **Masterfile**/Bill Frymire 8, 15; /David P. Hall 19; /Minden Pictures 49. **Nature Picture Library**/Jane Burton 59; /Jose B. Ruiz 37; /Ulrike Schanz 165. **Photolibrary Group**/age fotostock/Harald Braun 2, 106; /age fotostock/Morales Morales 33, 183; /BSIP Medical/May May 60; /BSIP Medical/OLIEL OLIEL 199; /Juniors Bildarchiv 29, 40, 43, 93, 94, 114, 115, 137, 143, 170, 190, 196; /LOOK-foto/Konrad Wothe 133; /Mauritius/Layer Layer 86; /Nordic Photos/Lasse Pettersson 142; /Oxford Scientific (OSF)/Alain Christof 38; /Oxford Scientific (OSF)/Nick Ridley 178; /Oxford Scientific (OSF)/Satyendra Tiwari 44; /Pixtal Images 120; /Robert Harding Travel/Walter Rawlings 57; /Tips Italia/Bildagentur RM 18; /Vstock 153. **Photoshot**/Imagebroker.net 77; /Imagebrokers 7, 88; /NHPA/Jane Knight 157.